JN121721

写真で見る

平成 JRの列車

朝倉政雄
Asakura Masao

【E001形EDC】　TRAIN SUITE「四季島」　9005M　函館本線　七飯-大沼　2017年(平成29年) 6月20日

北海道新聞社

写真で見る平成 JRの列車 [目次]

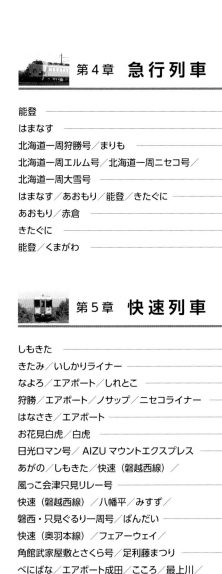

— 第 1 章 —

新 幹 線

しんかんせん

1964年（昭和39年）10月1日に日本国有鉄道（以下国鉄）は、東京駅-新大阪駅間で東海道新幹線を開業した。その後、1987年（昭和62年）4月1日に国鉄が民営化され、旅客輸送はJR北海道、JR東日本、JR東海、JR四国、JR九州の6社に、貨物輸送はJR貨物の計7社に分割された。これに伴い、同年から国鉄時代の新幹線はJRグループのJR東日本、JR東海、JR西日本の3社が運営することになった。その後、2004年（平成16年）3月13日にはJR九州が九州新幹線鹿児島ルートを開業、さらに2016年（平成28年）3月26日にはJR北海道が新函館北斗駅まで延伸した。

東海道新幹線当時の車両は0系電車で、その後、100系、300系、500系、700系電車となり、今ではN700系電車が主流となっており、東海道・山陽新幹線は一部を除き16両編成で運行している。新幹線の写真で思い出すのは500系の小田原付近、富士山をバックにした情景が目に浮かぶ。

また、JR東日本は1992年（平成4年）7月1日に山形新幹線、1997年（平成9年）3月22日に秋田新幹線を開業させた。これらは一般的に新幹線と称され、時刻表にもそのように記載されているが、在来線を改軌したもの。全国新幹線鉄道整備法では、新幹線鉄道を「その主たる区間を列車が二百キロメートル毎時以上の高速度で走行できる幹線鉄道をいう」と定義づけられているので、設備上130km/h程度しか出せない山形・秋田両新幹線は在来線の範疇に入る。しかし、車両は新幹線に直通するため縮小規格の専用車両を用いており、一般的にはミニ新幹線として新幹線の一翼に加えられている。

なお、新幹線の今後の建設計画であるが、九州新幹線長崎ルート、リニアモーターカーによる中央新幹線および北海道新幹線の札幌延伸などの整備が進んでおり、これからの日本は新幹線時代の到来を予測される。一方で公金による高額な建設費負担やストロー効果による大都市集中の助長、並行在来線問題など新幹線に起因する問題も多く、手放しで喜べないのが実情であろう。

Shinkansen

0系

3016B　はやぶさ16号　北海道新幹線　奥津軽いまべつ—木古内　2016年(平成28年) 8月5日

214B　やまびこ214号　東北新幹線　那須塩原-新白河　2007年（平成19年）11月16日

3010B　はやぶさ10号　北海道新幹線　奥津軽いまべつ-木古内　2016年（平成28年）9月18日

112B Maxやまびこ112号
東北新幹線 那須塩原-新白河 2008年（平成20年）4月15日

E1系

307C　Maxとき307号
上越新幹線　高崎-上毛高原
2004年（平成16年）4月15日

200系

56B　やまびこ56号
東北新幹線　那須塩原-新白河
2003年（平成15年）5月22日

E4系

1324C　Maxとき324号
上越新幹線　大宮　2013年（平成25年）5月18日

58B　やまびこ58号　東北新幹線　那須塩原-新白河
2013年(平成25年) 5月19日

3030B　はやて30号　東北新幹線
大宮　2013年(平成25年) 5月18日

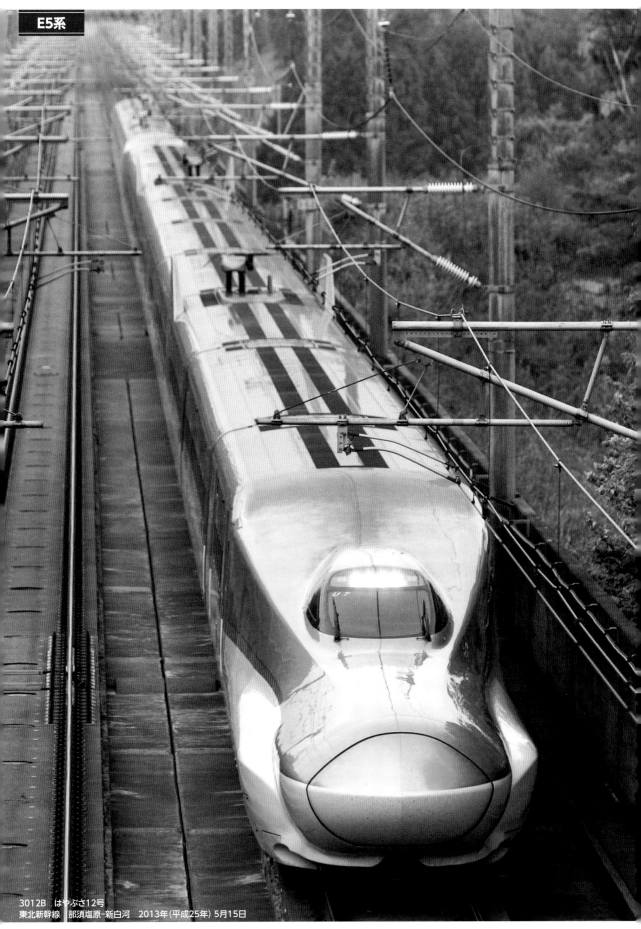

3012B　はやぶさ12号
東北新幹線　那須塩原-新白河　2013年（平成25年）5月15日

400系

106M　つばさ106号　奥羽本線(山形新幹線)　村山-袖崎　2004年(平成16年) 11月11日

E3系

136M　つばさ136号　奥羽本線(山形新幹線)　高畠-赤湯　2015年(平成27年) 5月1日

E3系

3028M　こまち28号　奥羽本線(秋田新幹線)　羽後境-大張野　2013年(平成25年) 10月6日

E3系

140M　つばさ140号　奥羽本線(山形新幹線)　高畠-赤湯　2013年(平成25年) 5月20日

3023M　スーパーこまち23号　田沢湖線（秋田新幹線）　赤渕-田沢湖　2013年（平成25年）10月7日

3006M　スーパーこまち6号
田沢湖線（秋田新幹線）　小岩井-雫石　2013年（平成25年）5月14日

500系

21A のぞみ21号 東海道新幹線 小田原-熱海 2004年(平成16年) 1月26日

700系

51A のぞみ51号 東海道新幹線 三島-新富士 2004年(平成16年) 4月10日

575A　こだま575号　東海道新幹線　新富士-静岡　2007年(平成19年) 1月26日

700系

E7系

518E あさま518号 長野新幹線 高崎 2014年（平成26年）5月2日

517A　ひかり517号　東海道新幹線　静岡-掛川　2012年（平成24年）5月5日

800系

47F　つばめ47号　九州新幹線　新水俣-出水　2004年（平成16年）3月13日

E3系 700番台「とれいゆ」

9401M　とれいゆ1号　奥羽本線(山形新幹線)　高畠-赤湯　2017年(平成29年) 11月18日

923系「ドクターイエロー」

東海道新幹線　三島-新富士　2017年(平成29年) 7月28日

第2章

寝台特急列車

しんだいとっきゅうれっしゃ

寝台特急列車といえば、一時はブルートレインと称された花形列車であった。特に北海道に住む者にとっては津軽海峡が海底トンネルで本州と結ばれた後は、「北斗星」や「トワイライトエクスプレス」に乗車すると、翌朝に目を覚ますとそこは東京や大阪だったというフレーズが飛び出したものであった。

日本初の寝台車を運行したのは、現在の山陽本線を建設した山陽鉄道で、1900年（明治33年）のことであった。その後の鉄道国有化によって寝台車は全国に運転されるようになるが、しかし、最近まで運転されていた急行「はまなす」のように、座席車と混結されるもので、寝台専用列車は長らく存在しなかった。

1956年（昭和31年）11月19日のダイヤ改正で、東京-博多間に戦後初の夜行特急列車「あさかぜ」が新設された。さらに1957年（昭和32年）10月からは、東京-大阪間に寝台急行列車「彗星」が運行を始めた。翌年10月には日本初の固定編成客車である20系客車が特急「あさかぜ」に投入されて大きな成功を収めたことで、日本全国に寝台特急列車が広がった。

東北地方についても1964年（昭和39年）10月に上野-青森間に「はくつる」、翌年には常磐線経由の「ゆうづる」が設定され、大阪方面についても1969年（昭和44年）10月に「日本海」が誕生するなどし、これらが青函トンネルの開通により「北斗星」や「トワイライトエクスプレス」に発展したのである。

寝台特急列車は1980年代以降、新幹線や航空機、夜行高速バスとの競争に敗れ、平成末期までにほぼすべてが廃止された。しかし、1998年（平成10年）に283系電車に置き換え運転を開始したサンライズ出雲・サンライズ瀬戸は好調な利用率を保っており、最後の寝台特急列車として健在である。

Sleeper limited express train

カシオペア

DD51形ディーゼル機関車重連・E26系寝台車　8009レ　カシオペア　室蘭本線　長万部-静狩　2009年（平成21年）10月10日

カシオペア

【DD51形ディーゼル機関車重連・E26系寝台車】　8009レ　カシオペア　千歳線　島松-北広島　2011年(平成23年)1月24日

カシオペア

【DD51形ディーゼル機関車重連・E26系寝台車】　8010レ
カシオペア　室蘭本線　洞爺-有珠　2012年(平成24年)5月26日

カシオペア

【DD51形ディーゼル機関車重連・E26系寝台車】　8009レ
カシオペア　千歳線　沼ノ端-植苗　2012年(平成24年)1月16日

トワイライトエクスプレス

【DD51形ディーゼル機関車重連・24系寝台車】　8001レ
トワイライトエクスプレス　函館本線　七飯-大沼　2011年(平成23年)6月16日

北斗星

【DD51形ディーゼル機関車重連・24系寝台車】　1レ　北斗星1号　室蘭本線　長万部-静狩　2011年（平成23年）1月20日

トワイライトエクスプレス

【EF81形電気機関車・24系寝台車】　8002レ　トワイライトエクスプレス　北陸本線　新疋田-敦賀　2009年（平成21年）4月20日

【ED79形電気機関車・24系寝台車】
1レ　北斗星　江差線　釜谷-渡島当別　2013年（平成25年）4月28日

【EF81形電気機関車・24系寝台車】
11レ　はくつる　東北本線　小繋-小鳥谷　2002年（平成14年）9月16日

【EF81形電気機関車・24系寝台車】
8008レ　エルム　東北本線　石鳥谷-日詰　2002年（平成14年）8月19日

【EF81形電気機関車・24系寝台車】　9010レ　夢空間北斗星　東北本線　豊原-白坂　2003年（平成15年）8月22日

日本海

【EF81形電気機関車・24系寝台車】
4001レ 日本海 奥羽本線 糠沢-早口 2010年（平成22年）5月12日

エルム

【EF81形電気機関車・24系寝台車】 8008レ エルム 東北本線 黒田原-豊原 2003年（平成15年）8月22日

北斗星

【EF510形電気機関車・24系寝台車】
2レ　北斗星　東北本線　片岡-矢板　2010年（平成22年）10月12日

富士・はやぶさ

【EF66形電気機関車・14系寝台車】
2レ　富士・はやぶさ　東海道本線　富士-富士川　2007年（平成19年）1月26日

【EF66形電気機関車・14系・24系寝台車】
4レ　さくら・はやぶさ　東海道本線　富士−富士川　2005年（平成17年）1月23日

富士・はやぶさ

【EF66形電気機関車・14系寝台車】
2レ　富士・はやぶさ　東海道本線　真鶴−湯河原　2007年（平成19年）1月27日

あさかぜ

【EF66形電気機関車・24系寝台車】
5レ　あさかぜ　山陽本線　埴生-小月　2004年（平成16年）3月17日

出雲

【DD51形ディーゼル機関車・24系寝台車】
7レ　出雲　山陰本線　荘原-直江　2004年（平成16年）12月4日

日本海

【EF81形電気機関車・24系寝台車】
4003レ　日本海3号　羽越本線　吹浦-女鹿　2007年（平成19年）4月30日

北陸

【EF81形電気機関車・14系寝台車】 3001レ 北陸 北陸本線 倶利伽羅-石動 2009年(平成21年) 4月22日

サンライズ瀬戸

【285系電車】
5031M　サンライズ瀬戸　予讃線　国分-讃岐府中　2014年（平成26年）4月27日

サンライズ出雲

【285系電車】
4031M　サンライズ出雲　山陰本線　直江-出雲市　2003年（平成15年）8月

サンライズ瀬戸

【285系電車】
5031M　サンライズ瀬戸　予讃線　讃岐府中-国分　2011年（平成23年）10月7日

【ED76形電気機関車・24系寝台車】
31レ　なは　鹿児島本線　木葉-田原坂　2005年(平成17年) 7月14日

【ED76形電気機関車・14系寝台車】 43レ　さくら　長崎本線　備前竜王-備前鹿島　2004年（平成16年）12月10日

なは

【ED76形電気機関車・24系寝台車】
31レ　なは　鹿児島本線　薩摩大川-西方　2003年(平成15年) 8月7日

あかつき

【ED76形電気機関車・14系寝台車】
35レ　日豊本線　あかつき　多良-肥前大浦　2003年(平成15年) 8月5日

富士

【ED76形電気機関車・24系寝台車】
1レ　日豊本線　富士　東別府-西大分　2001年(平成13年) 4月17日

はやぶさ

【ED76形電気機関車・14系寝台車】
1レ　はやぶさ　鹿児島本線　西里-崇城大学前　2005年(平成17年) 7月14日

彗星

【ED76形電気機関車・14系寝台車】　33レ　彗星　日豊本線　日向新富-佐土原　2003年(平成15年) 8月9日

第3章

特急列車

とっきゅうれっしゃ

　列車は国鉄・JR会社の旅客営業規則において「急行列車」と「普通列車」に分類されている。急行列車は普通急行列車と特別急行列車を含む用語で、快速列車は普通列車に含まれる。急行列車は早く目的地に到着することを重視する列車であり、普通急行列車に乗車するには急行券が、特別急行列車には特急券が必要になる。普通急行列車が普通列車に近い構造の車両や、旧型の特急車両を格下げして使用するのに対し、特別急行列車は高度な接客設備を備えた専用車両を用いるなど格上の種別で、略して特急列車と呼ばれる。

　特急列車には、電化区間を走行する電車による列車と非電化区間を走行する気動車による列車があり、現在運行されている列車はもとより、すでに廃止、車両の変更された列車も多く登載した。特に思い出深い特急列車は北陸本線・湖西線を走行する485系電車特急の「雷鳥」であった。485系電車は当時の国鉄が1964年（昭和39年）に設計・製造した交直流特急電車で、北海道最初の特急列車でもあるライトが4灯の車両も使用されていたからである。しかし、485系電車は酷寒地用に設計されていなかったためトラブルが続発し、運休が続いたことから、国鉄は1978年（昭和53年）11月に北海道専用の特急電車として781系交流専用特急形電車を誕生させ、「いしかり」として運用を開始した。

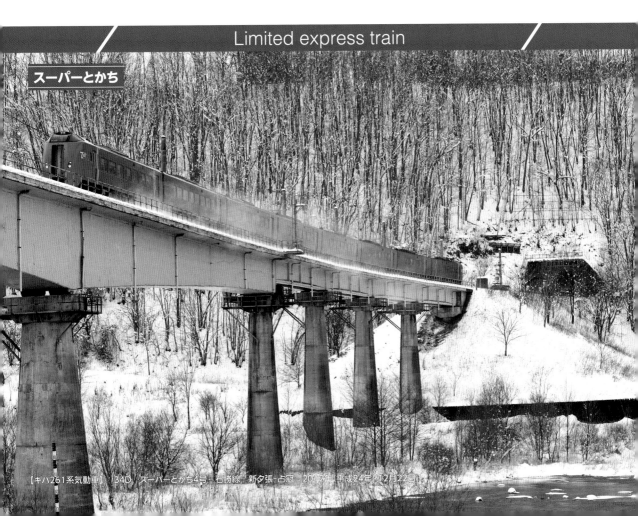

Limited express train

スーパーとかち

【キハ261系気動車】 34D　スーパーとかち4号　石勝線・新夕張-占冠　2012年（平成24年）12月22日

ヌプリ

【キハ183系気動車】 9015D 函館本線
倶知安-小沢 2012年(平成24年) 8月31日

ライラック（初代）

【781系電車】 2012M ライラック12号
函館本線 江部乙-妹背牛 2003年(平成15年) 7月5日

ライラック（初代）

【781系電車】 2018レ ライラック18号
函館本線 大麻-野幌 1992年(平成4年) 9月23日

すずらん

大雪

【785系電車】　1031M　すずらん1号
千歳線　植苗-美々　2011年（平成23年）6月1日

【キハ183系気動車】　81D　大雪1号
石北本線　伊香牛-愛別　2019年（平成31年）1月21日

【789系電車】 2031M スーパーカムイ31号 函館本線 江部乙-妹背牛 2011年（平成23年）5月18日

スーパー白鳥

【785系+789系電車】 4030M スーパー白鳥30号 江差線 釜谷-渡島当別
2011年（平成23年）8月9日

スーパー白鳥

【789系電車】 4095M スーパー白鳥95号 東北本線 狩場沢-清水川
2009年（平成21年）5月10日

ワッカ

【キハ183系気動車】　9010D　函館本線
銀山-塩狩　2013年(平成25年) 8月11日

ライラック（2代目）

【789系電車】　1018M　ライラック18号　函館本線　江別-豊幌　2017年(平成29年) 3月6日

スーパーカムイ

【789系電車】　3011M　スーパーカムイ11号
函館本線　幌向-上幌向　2011年(平成23年) 1月21日

スーパーおおぞら

【キハ283系気動車】
4005D　スーパーおおぞら5号　根室本線
尺別-音別　2012年(平成24年) 1月30日

サロベツ

【キハ183系気動車】
2041D　サロベツ　宗谷本線
日進-北星　2010年(平成22年) 2月18日

スーパーおおぞら

【キハ283系気動車】　4001D　スーパーおおぞら1号　根室本線　御影-芽室　2010年（平成22年）2月5日

オホーツク

【キハ183系気動車】　14D　オホーツク4号　函館本線　滝川-江部乙
2011年（平成23年）8月21日

スーパーとかち

【キハ261系気動車】　31D　スーパーとかち1号　根室本線　御影-芽室
2012年（平成24年）1月28日

スーパー北斗

【キハ261系気動車】　11D　スーパー北斗11号　室蘭本線　小幌-礼文
2017年（平成29年）1月9日

スーパー北斗

【キハ281系気動車】　5003D　スーパー北斗3号　室蘭本線　礼文-大岸
2011年（平成23年）1月20日

スーパー宗谷

北斗

【キハ183系気動車】 5008D
北斗8号　函館本線　駒ケ岳-東山
2011年（平成23年）12月11日

【キハ261系気動車】　2032D　スーパー宗谷2号　宗谷本線　豊清水-天塩川温泉　2009年（平成21年）1月26日

北斗

【キハ183系気動車】　5005D　北斗5号　室蘭本線　稀府-黄金　2011年（平成23年）4月6日

スペーシアきぬがわ

【東武鉄道100系電車】　1062M　スペーシアきぬがわ2号　東北本線　東大宮-蓮田　2013年（平成25年）5月18日

さざなみ

【183系電車】3016M　君津行き（さざなみ16号の普通列車区間）
内房線　富浦-那古船形　2003年（平成15年）10月1日

しおさい

【183系電車】1012M　しおさい12号
総武本線　物井-佐倉　2003年（平成15年）9月30日

あやめ

【183系電車】1032M　あやめ
成田線　久住-滑河　2003年（平成15年）10月2日

すいごう

【183系電車】1022M　すいごう
成田線　久住-滑河　2003年（平成15年）10月2日

スペーシアきぬがわ

【東武鉄道100系電車】　1062M　スペーシアきぬがわ2号
東北本線　東鷲宮-栗橋　2010年(平成22年) 5月5日

あかぎ

【185系電車】　1004M　あかぎ4号
上越線　渋川-八木原　2010年(平22年) 5月10日

おはようとちぎ

【185系電車】　5042M　おはようとちぎ
東北本線　片岡-矢板　2010年(平成22年) 10月11日

しおさい

【255系電車】　4001M　しおさい1号
総武本線　四街道-物井　2010年(平成22年) 5月6日

水上

【185系電車】　2002M　水上2号
上越線　沼田-後閑　2010年(平成22年) 5月10日

踊り子

【185系電車】　3029M　踊り子109号
東海道本線　早川-根府川　2004年(平成16年) 1月20日

水上

【185系電車】　2001M　水上1号　上越線　津久田-岩本　2010年(平成22年) 5月10日

スーパービュー踊り子

【251系電車】 3002M スーパービュー踊り子2号
東海道本線 真鶴-湯河原 2005年(平成17年)1月22日

きぬがわ

【253系電車】 1064M きぬがわ4号
東北本線 東大宮-蓮田 2011年(平成23年)9月15日

成田エクスプレス

【253系電車】 2003M 成田エクスプレス3号
総武本線 四街道-物井 2010年(平成22年)5月6日

日光

【253系電車】 1051M 日光1号
東北本線 東大宮-蓮田 2013年(平成25年)5月19日

ビューさざなみ

【255系電車】 9M ビューさざなみ9号
内房線 岩井-富浦 2005年(平成17年)1月16日

はくたか

【489系電車】 8063M はくたか83号
信越本線 黒井-犀潟 2003年（平成15年）8月17日

はつかり

【485系電車】 1012M はつかり12号
東北本線 御堂-奥中山 2002年（平成14年）9月9日

北越

【485系電車】 1052M 北越2号
信越本線 黒井-犀潟 2007年（平成19年）4月25日

いなほ

【485系電車】 2008M いなほ8号
羽越本線 酒田-本楯 2009年（平成21年）5月7日

白鳥（2代目）

【485系電車】 4020M 白鳥20号 東北本線 乙供-千曳 2009年（平成21年）5月10日

かもしか

【485系電車】 2041M かもしか1号 奥羽本線 鷹ノ巣－糠沢
2007年（平成19年）10月24日 【EF81形電気機関車・貨物】 4094レ

ねぶたまつり

【485系電車】 9043M ねぶたまつり1号 奥羽本線 北常盤－浪岡 2011年（平成23年）8月5日

北越

【485系電車】 1056M 北越6号
信越本線 塚山－越後岩塚 2009年（平成21年）5月6日

いなほ

【485系電車】 2005M いなほ5号
羽越本線 今川－越後寒川 2010年（平成22年）5月11日

あいづ

【485系電車】 1043M あいづ3号
磐越西線 堂島-笈川 2003年（平成15年）7月27日

きぬがわ

【485系電車】 1064M きぬがわ4号
東北本線 東大宮-蓮田 2009年（平成21年）5月4日

つがる（初代）

【485系電車】 13M つがる13号
奥羽本線 撫牛子-川部 2004年（平成16年）8月10日

はつかり

【485系電車】 1005M はつかり5号
東北本線 御堂-奥中山 2002年（平成14年）9月9日

日光

【485系電車】 9023M 日光83号
東北本線 東大宮-蓮田 2009年（平成21年）5月4日

仙台あいづ

【485系電車】 9043M 仙台あいづ
磐越西線 磐梯熱海-中山宿 2006年（平成18年）11月4日

ホリデーあいづ

【485系電車】 2046M ホリデーあいづ6号
磐越西線 会津若松-堂島 2003年（平成15年）9月27日

仙台あいづ

【485系電車】 回9234M
磐越西線 塩川-姥堂 2006年（平成18年）11月4日

スーパーひたち

【651系電車】
7M　スーパーひたち7号　常磐線　友部-内原　2004年（平成16年）6月30日

かもしか

【583系電車】
2044M　かもしか4号　奥羽本線　大館-白沢　2003年（平成15年）5月4日

草津

【651系電車】
3003M　草津3号　吾妻線　群馬原町-郷原　2014年（平成26年）5月2日

草津

【185系電車】　3002M　草津2号
上越線　群馬総社-八木原　2003年（平成15年）7月29日

はくたか

【681系電車】　1011M　はくたか1号
信越本線　黒井-犀潟　2007年（平成19年）4月23日

はくたか

【北越急行681系電車】　1003M　はくたか3号
信越本線　黒井-犀潟　2008年（平成20年）4月19日

あやめ

【E257系電車】　1024M　あやめ4号　総武本線　四街道-物井　2010年（平成22年）5月6日

あずさ

【E257系電車】 4053M あずさ3号 大糸線 白馬-信濃森上 2007年（平成19年）11月14日

つがる（初代）

【789系電車】 6M つがる6号
東北本線 西平内-浅虫温泉 2009年（平成21年）5月10日

あずさ

【E257系電車】 60M あずさ10号
中央本線 新府-穴山 2004年（平成16年）4月12日

さざなみ

【E257系電車】 8083M さざなみ83号
内房線 岩井-富浦 2005年（平成17年）1月16日

成田エクスプレス

【E259系電車】 2011M 成田エクスプレス11号
総武本線 四街道-物井 2010年（平成22年）5月6日

いなほ

【E653系電車】　2006M　いなほ6号
羽越本線　村上-間島　2014年（平成26年）5月5日

スーパーはつかり

【E751系電車】　1012M
スーパーはつかり12号　東北本線　御堂-奥中山　2002年（平成14年）9月9日

スーパーあずさ

【E351系電車】　6M　スーパーあずさ6号
中央本線　新府-穴山　2011年（平成23年）9月16日

つがる（初代）

【E751系電車】　13M　つがる13号
奥羽本線　撫牛子-川部　2007年（平成19年）10月23日

スーパーあずさ

【E351系電車】　22M　スーパーあずさ22号　中央本線　新府-穴山　2004年（平成16年）4月12日

フレッシュひたち

【E657系電車】 1040M フレッシュひたち40号 常磐線 友部-内原 2012年（平成24年）5月8日

フレッシュひたち

【E653系電車】 1005M
フレッシュひたち5号 常磐線 佐貫-牛久 2012年（平成24年）5月8日

フレッシュひたち

【E653系電車】 1024M
フレッシュひたち24号 常磐線 友部-内原 2007年（平成19年）4月18日

フレッシュひたち

【E653系電車】 1028M
フレッシュひたち28号 常磐線 羽鳥-岩間 2012年（平成24年）5月8日

フレッシュひたち

【E653系電車】 1044M
フレッシュひたち44号 常磐線 友部-内原 2012年（平成24年）5月8日

あさぎり

【371系電車】 2M あさぎり2号 御殿場線 足柄-御殿場 2005年（平成17年）1月31日

ふじかわ

【373系電車】 4008M ふじかわ8号
身延線 甲斐大島-身延 2005年（平成17年）1月27日

あさぎり

【小田急20000形電車】 1M あさぎり1号
御殿場線 足柄-御殿場 2004年（平成16年）1月22日

あさぎり

【小田急60000形電車】3M あさぎり3号
御殿場線 足柄-御殿場 2012年（平成24年）5月6日

東海

【373系電車】 32M 東海2号
東海道本線 富士-富士川 2005年（平成17年）1月23日

南紀

【キハ85系気動車】3001D 南紀1号
紀勢本線 三瀬谷-滝原 2012年（平成24年）5月4日

ひだ

【キハ85系気動車】29D ひだ9号
高山本線 飛騨一ノ宮-高山 2009年（平成21年）5月1日

しなの

【383系電車】1022M　しなの22号
中央本線　落合川-坂下　2003年(平成15年) 7月30日

はしだて

【183系電車】　3066M　はしだて6号
山陰本線　福知山-石原　2009年（平成21年）4月17日

きのさき

【183系電車】　5044M　きのさき4号
山陰本線　下夜久野-上夜久野　2003年（平成15年）8月15日

きのさき

【183系電車】　5006M　きのさき6号
山陰本線　下夜久野-上夜久野　2003年（平成15年）6月4日

北近畿

【183系電車】　3015M　北近畿5号
山陰本線　下夜久野-上夜久野　2010年（平成22年）4月9日

たんば

【183系電車】　5093M　たんば3号
山陰本線　綾部-高津　2004年（平成16年）2月26日

こうのとり

【183系電車】 3015M こうのとり15号 山陰本線 上夜久野-梁瀬 2011年（平成23年）9月18日

北近畿

【183系電車】 3022M 北近畿12号
山陰本線 下夜久野-上夜久野 2004年（平成24年）12月21日

はるか

【281系電車】 1017M はるか17号
阪和線 熊取-日根野 2012年（平成24年）5月2日

オーシャンアロー

【283系電車】 67M オーシャンアロー17号
紀勢本線 紀伊日置-周参見 2003年（平成15年）9月18日

くろしお

【283系電車】 59M くろしお9号
阪和線 熊取-日根野 2012年（平成24年）5月2日

こうのとり

【287系電車】 3020M こうのとり20号
山陰本線 上夜久野-下夜久野 2011年（平成23年）9月18日

くろしお

【287系電車】 2065M くろしお5号
阪和線 熊取-日根野 2012年（平成24年）5月2日

やくも

【381系電車】 1024M やくも24号
伯備線 黒坂-根雨 2009年(平成21年) 4月15日

スーパーくろしお

【381系電車】 64M スーパーくろしお14号
紀勢本線 紀伊宮原-藤並 2003年(平成15年) 9月19日

やくも

【381系電車】 1020M やくも10号
山陰本線 安来-米子 2001年(平成13年) 5月20日

白鳥 (初代)

【485系電車】 5002M 白鳥
北陸本線 越中宮崎-市振 1996年(平成8年) 5月19日

くろしお

【381系・225系電車】 53M くろしお3号・4134M
関空・紀州路快速 阪和線 熊取-日根野 2012年(平成24年) 5月2日

スーパーやくも

【381系電車】　1020M　スーパーやくも10号
山陰本線　直江-出雲市　2003年（平成15年）8月2日

やくも

【381系電車】　1008M　やくも8号
山陰本線　直江-出雲市　2009年（平成21年）4月15日

かがやき

【485系電車】　1006M　かがやき6号
北陸本線　生地-西入前　1996年（平成8年）5月19日

きらめき

【485系電車】　21M　きらめき1号
北陸本線　南今庄-今庄　1996年（平成8年）5月23日

しらさぎ

【485系電車】　12M　しらさぎ12号
北陸本線　新疋田-敦賀　2001年（平成13年）5月21日

スーパー雷鳥

【485系電車】　4028M
スーパー雷鳥28号　北陸本線　南今庄-今庄　1996年（平成8年）5月23日

加越

【485系電車】　42M　加越12号
北陸本線　新疋田-敦賀　2003年（平成15年）5月29日

しらさぎ

【485系電車】　12M　しらさぎ12号
北陸本線　新疋田-敦賀　2003年（平成15年）5月29日

ふるさと雷鳥

【489系電車】 9031M ふるさと雷鳥
湖西線 北小松-近江高島 2008年（平成20年）5月3日

サンダーバード

【681系電車】 4018M サンダーバード18号
北陸本線 新疋田-敦賀 2006年（平成18年）10月26日

おはようエクスプレス

【681系電車】 21M おはようエクスプレス
北陸本線 石動-福岡 2007年（平成19年）11月13日

北越

【485系電車】 1051M 北越1号
北陸本線 柿崎-米山 2007年（平成19年）4月26日

北越

【485系電車】 1053M 北越3号
北陸本線 倶利伽羅-津幡 2010年（平成22年）5月2日

雷鳥

【485系電車】 4012M 雷鳥12号 北陸本線 新疋田-敦賀
2009年（平成21年）4月20日

雷鳥

【485系電車】 4030M 雷鳥30号
北陸本線 新疋田-敦賀 2003年（平成15年）5月29日

しらさぎ

【683系電車】 8M しらさぎ8号
北陸本線 新疋田-敦賀 2009年(平成21年) 4月19日

雷鳥

【485系電車】 4016M 雷鳥16号
北陸本線 新疋田-敦賀 2009年(平成21年) 4月20日

雷鳥

【485系電車】 4032M 雷鳥32号
北陸本線 牛ノ谷-大聖寺 1996年(平成8年) 5月20日

雷鳥

【485系電車】 4034M 雷鳥34号
北陸本線 牛ノ谷-大聖寺 1996年(平成8年) 5月20日

白山

【489系電車】 3052M 白山
北陸本線 石動-福岡 1996年(平成8年) 5月24日

はまかぜ

【キハ181系気動車】 1D はまかぜ1号
山陰本線 佐津-柴山 2010年(平成22年) 4月29日

おき

【キハ181系気動車】
1043D おき3号 山陰本線 安来-米子 2001年(平成13年) 5月20日

いそかぜ

【キハ181系気動車】 23D いそかぜ
山陰本線 須佐-宇田郷 2003年(平成15年) 8月2日

くにびき

【キハ181系気動車】 2040D
くにびき 山陰本線 安来-米子 2001年(平成13年) 5月20日

スーパーはくと

【智頭急行HOT7000系気動車】 2054D スーパーはくと4号
山陰本線 泊-松崎 2003年（平成15年）5月31日

スーパーまつかぜ

【キハ187系気動車】 2004D スーパーまつかぜ4号
山陰本線 中山口-下市 2009年（平成21年）4月13日

スーパーくにびき

【キハ187系気動車】 3013D スーパーくにびき3号
山陰本線 名和-大山口 2003年（平成15年）6月2日

スーパーおき

【キハ187系気動車】 3001D スーパーおき1号
山口線 仁保-篠目 2010年（平成22年）4月24日

スーパーいなば

【キハ187系気動車】 76D スーパーいなば6号
因美線 東郡家-津ノ井 2009年（平成21年）4月16日

【8000系電車】 12M しおかぜ12号
予讃線 柳原-粟井 2010年（平成22年）4月26日

【8000系電車】 1M しおかぜ1号
予讃線 柳原-粟井 2010年（平成22年）4月26日

しおかぜ

【8000系電車】 15M しおかぜ15号
予讃線 豊浜-箕浦 2014年（平成26年）4月27日

しおかぜ

【2000系気動車】 9D　しおかぜ9号
予讃線　大浦-伊予北条　2011年(平成23年) 10月4日

いしづち

【N2000系気動車】 1004D　いしづち4号
予讃線　端岡-鬼無　2011年(平成23年) 10月7日

いしづち

【2000系気動車】 1010D　いしづち10号
予讃線　讃岐府中-国分　2011年(平成23年) 10月7日

むろと

【キハ185系気動車】 51D　むろと1号
牟岐線　由岐-木岐　2004年(平成16年) 3月5日

うずしお

【2000系気動車】 67D うずしお7号 高徳線 三本松-讃岐白鳥 2004年(平成16年) 12月18日

あしずり

【2000系気動車】 2071D あしずり1号
土讃線 安和-土佐久礼 2014年(平成26年) 4月26日

南風

【2000系気動車】　50D　南風20号
土讃線　小歩危-大歩危　2011年(平成23年) 10月6日

南風

【2000系気動車】　33D　南風3号
土讃線　波川-小村神社前　2014年(平成26年) 4月26日

しまんと

【N2000系気動車】 2002D しまんと2号
土讃線 小歩危-大歩危 2004年（平成16年）3月4日

宇和海

【2000系気動車】 1061D 宇和海11号
予讃線 伊予市-鳥ノ木 2014年（平成26年）4月25日

南風

【2000系気動車】 41D 南風11号
土讃線 太田口-土佐穴吹 2010年（平成22年）4月27日

しおかぜ

【2000系気動車】 9D しおかぜ9号
予讃線 彼方-大西 2004年（平成16年）3月1日

宇和海

【2000系気動車】 1059D 宇和海9号
予讃線 下宇和-立間 2004年（平成16年）3月2日

きりしま

【485系電車】 6019M きりしま19号 日豊本線 錦江-帖佐 2004年（平成16年）12月7日

かもめ

【885系電車】 2009M かもめ9号
長崎本線 多良-肥前大浦 2011年（平成23年）9月28日

ソニック

【883系電車】 3013M ソニック13号
日豊本線 東別府-西大分 2001年(平成13年)4月17日

ソニック

【885系電車】 3017M ソニック17号 日豊
本線 大神-杵築 2004年(平成16年)12月6日

ソニック

【883系電車】 3003M ソニック3号 日豊本線 今津-天津 2010年(平成22年)4月11日

かもめ

【787系電車】 2011M かもめ11号
長崎本線 多良-肥前大浦 2011年(平成23年)9月28日

かもめ

【783系電車】 2001M かもめ1号
長崎本線 肥前飯田-多良 2008年(平成20年)4月29日

つばめ

【787系電車】 1M つばめ1号
鹿児島本線 薩摩大川-西方 2003年(平成15年)8月7日

かもめ

【885系電車】
2012M かもめ12号
長崎本線 多良-備前大浦
2010年(平成22年)4月19日

にちりん

【485系電車】 9059M にちりん101号
日豊本線 大神-杵築 2004年(平成16年) 12月6日

ハウステンボス

【783系電車】 6015M ハウステンボス15号
長崎本線 中原-吉野ヶ里公園 2001年(平成13年) 5月12日

にちりん

【787系電車】 5001M にちりん1号
日豊本線 日向新富-佐土原 2011年(平成23年) 9月22日

みどり・ハウステンボス

【783系電車】 4024M みどり24号・ハウステンボス24号
長崎本線 牛津-肥前山口 2014年(平成26年) 4月18日

にちりん

【783系電車】 5008M にちりん8号
日豊本線 延岡-北延岡 2001年(平成13年) 4月18日

にちりん

【485系電車】 5005M にちりん5号
日豊本線 東別府-西大分 2001年(平成13年) 4月17日

ひゅうが

【485系電車】 5073M ひゅうが3号
日豊本線 佐土原-日向新富 2004年(平成16年) 3月8日

有明

【787系電車】 1005M 有明5号
鹿児島本線 長洲-大野下 2010年(平成22年) 4月18日

リレーつばめ

【787系電車】 17M リレーつばめ17号
鹿児島本線 木葉-田原坂 2005年(平成17年) 7月13日

ひゅうが

【485系電車】 5081M ひゅうが1号
日豊本線 日向新富-佐土原 2004年(平成16年) 12月7日

リレーつばめ

【787系電車】 5M リレーつばめ5号
鹿児島本線 崇城大学前-西里 2010年(平成22年) 4月18日

ハウステンボス

【783系電車】 7009H ハウステンボス9号 大村線 早岐-ハウステンボス 2004年(平成16年) 12月13日

ゆふ

【キハ185系気動車】 9073D ゆふ73号
久大本線 湯布院-南由布 2004年(平成16年) 12月15日

九州横断特急

【キハ185系気動車】 1071D 九州横断特急1号
肥薩線 一勝地-那良口 2010年(平成22年) 4月16日

九州横断特急

【キハ185系気動車】 1083D
九州横断鉄道1号 肥薩線 那良口-渡 2010年(平成22年) 4月16日

くまがわ

【キハ185系気動車】 1083D くまがわ3号
肥薩線 瀬戸石-海路 2010年(平成22年) 4月16日

ゆふ

【キハ185系気動車】 84D ゆふ4号
久大本線 野矢-湯布院 2011年(平成23年) 9月26日

第4章

急行列車

きゅうこうれっしゃ

前章で述べた旅客営業規則において、普通急行列車とされているものが一般的に言う急行列車である。1980年代前半までは各幹線とも特急列車と急行列車がセットになるように列車が設定されていたが、東北・上越新幹線の開業や電化によって捻出された特急車両によって格上げられるか、逆に列車自体が快速列車に格下げられる形で国鉄民営化までに大部分の列車が整理されていた。そのような中、夜行列車については比較的存置されており、1988年（昭和63年）3月13日の青函トンネル開通に伴い、札幌-青森間に「はまなす」も設定されている。

この列車は青函連絡船深夜便の代替として誕生し、基本7両編成の中に自由席2両、指定席3両（うち1両はカーペットカ

ー）、B寝台2両と多様なニーズに応える編成になっていた。しかし、北海道新幹線開業により2016年（平成28年）3月22日の札幌到着をもって廃止されてしまい、定期運転される急行列車はすべて姿を消した。

ただし、現在でも臨時列車に急行列車として運転されるものも存在する。2012年（平成24年）7月には観光キャンペーンの一環として「まりも」や「大雪」など往年の急行列車を再現した臨時列車を運転しているが、これらは団体列車扱いとはしなかったため時刻表に掲載され、駅で切符を手配できれば一般客でも乗車することが可能だった。

Express train

能登

【485系電車】 8601M 急行「能登」 北陸本線・石動-福岡 2010年（平成22年）5月2日

【DD51形ディーゼル機関車・14系客車+24系寝台車】　201レ　急行「はまなす」　千歳線　植苗-美々　2012年(平成24年) 5月19日

【DD51形ディーゼル機関車・14系客車＋24系寝台車】　9603レ　根室本線　御影~芽室　2012年（平成24年）7月2日

まりも

【DD51形ディーゼル機関車・14系客車＋24系寝台車】　9604レ　根室本線　御影~芽室　2012年（平成24年）7月22日

北海道一周エルム号

【DD51形ディーゼル機関車・14系客車+24系寝台車】　9912レ　室蘭本線　稀府-黄金　2012年（平成24年）7月_0

北海道一周ニセコ号

【DD51形ディーゼル機関車・14系客車+24系寝台車】
9903レ　函館本線　昆布-ニセコ　2012年（平成24年）7月1日

北海道一周大雪号

【DD51形ディーゼル機関車・14系客車+24系寝台車】
9512レ　石北本線　下白滝-丸瀬布　2012年（平成24年）7月3日

はまなす

【ED79形電気機関車・14系客車+24系寝台車】
202レ　急行「はまなす」　海峡線　中小国-津軽今別　2010年(平成22年) 5月17日

あおもり

【583系電車】　9511M　急行「あおもり」　奥羽本線　白沢-陣場　2004年(平成16年) 8月9日

きたぐに

能登

【489系電車】　601M　急行「能登」　北陸本線　石動-福岡　2008年(平成20年) 4月20日

【583系電車】 501M 急行「きたぐに」 信越本線 田上-矢代田 2007年(平成19年) 4月29日

あおもり

【583系電車】 9511M 奥羽本線 糠沢-早口
2004年(平成16年) 8月11日

赤倉

【165系電車】 311M 急行「赤倉1号」 信越本線 柿崎-米山
1996年(平成8年) 5月19日

【583系電車】 501M 急行「きたぐに」 北陸本線 笠島-青梅川 2007年(平成19年) 4月26日

能登

【489系電車】　601M　急行「能登」　北陸本線　倶利伽羅-石動　2009年（平成21年）4月22日

くまがわ

【キハ58・65形気動車】　1106D急行「くまがわ6号」　肥薩線　渡-西人吉　2001年（平成13年）4月21日

第5章

快速列車

かいそくれっしゃ

　快速列車は、快速列車に属するが速達性のある列車で、列車名が付与されているものも多い。列車は全国的に設定されており、車種の縛りもないことから通勤用の車両から、中には特急車を用いる列車も存在している。一口に快速と言っても各線や各列車で様々な格付けがされており、特別快速や区間快速、関西・中京地方では新快速など色々とバリエーションがある。普通列車の仲間なので基本的には特別料金は不要だが、通勤時間帯に運転される「ライナー」と称する列車については別途、指定席券が必要となる。

　私が最初に興味を持った列車は、1988年（昭和63年）3月13日に青函トンネル開通と同時に誕生した快速列車「海峡」である。当初は5両編成で、50系と14系客車が使用され、多客期には増結された。機関車は青函トンネル専用のED79形電気機関車を使用、専用のヘッドマークを付け誇らしげに走っていた。この機関車は奥羽本線で運用されていたED75形700番台を改造したものである。しかし、この「海峡」も2002年（平成14年）12月に電車特急列車「スーパー白鳥」「白鳥」に置き換えられた。これにより、客車の普通列車自体が終焉を迎えることになった。

Rapid train

しもきた

【キハ100形気動車】　3730D　快速「しもきた」　大湊線　有戸-吹越　2011年（平成23年）8月8日

きたみ

いしかりライナー

なよろ

【キハ40形気動車】　3326D　快速「なよろ8号」　宗谷本線　塩狩-和寒　2009年（平成21年）1月25日

【キハ54形気動車】
3582D　特別快速「きたみ」
石北本線　奥白滝(信)-上白滝
2009年（平成21年）3月6日

エアポート

【785系電車】　3867M　快速「エアポート103号」　千歳線　島松-北広島　2010年（平成22年）12月18日

【731系電車】
3434M　区間快速「いしかりライナー」
函館本線　幌向-上幌向
2011年（平成23年）1月14日

しれとこ

【キハ54形+キハ40系気動車】　3727D　快速「しれとこ」　釧網本線　藻琴-北浜　2011年（平成23年）2月2日

狩勝

【キハ150形気動車】 3427D 快速「狩勝」 根室本線 御影-芽室 2011年(平成23年) 1月23日

エアポート

【789系電車】 3875M 快速「エアポート113号」 千歳線 白石-苗穂 2010年(平成22年) 1月14日

ニセコライナー

ノサップ

【キハ54形気動車】 3631D 快速「ノサップ」 根室本線 釧路-東釧路 2012年(平成24年) 4月11日

【キハ201系気動車】　2925D　快速「ニセコライナー」　函館本線　蘭島-塩谷　2010年(平成22年) 10月31日

はなさき

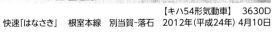

【キハ54形気動車】　3630D
快速「はなさき」　根室本線　別当賀-落石　2012年(平成24年) 4月10日

エアポート

【721系電車】　3863M
快速「エアポート97号」　千歳線　島松-北広島　2011年(平成23年) 6月22日

お花見白虎

【583系電車】 9225M 快速「お花見白虎」
磐越西線 翁島-磐梯町 2006年(平成18年) 4月29日

白虎

【583系電車】 9235M 快速「白虎」
磐越西線 翁島-磐梯町 2004年(平成16年) 11月3日

日光ロマン号

【189系電車】 9871M 快速「日光ロマン号」
日光線 今市-日光 2004年（平成16年）11月7日

AIZUマウントエクスプレス

【会津鉄道キハ8500系気動車】 8216D 快速「AIZUマウントエクスプレス」
磐越西線 笈川-塩川 2006年（平成18年）4月29日

あがの

【キハ110系気動車】 3222D 快速「あがの」
磐越西線 野沢-上野尻 2003年(平成15年) 10月17日

しもきた

【キハ48形気動車】 3727D 快速「しもきた」
大湊線 有戸-吹越 2002年(平成14年) 8月26日

快速(磐越西線)

【719系電車】 1225M 快速「会津若松行き」
磐越西線 磐梯熱海-中山宿 2007年(平成19年) 10月28日

しもきた

【キハ110形気動車】 3731D 快速「しもきた」
東北本線 上北町-乙供 2009年(平成21年) 5月10日

風っこ会津只見リレー号

【455系電車】 9223M 快速「風っこ会津只見リレー号」 磐越西線 猪苗代湖畔-関都 2006年(平成18年) 4月29日

快速（磐越西線）

【719系電車】　3238M　快速「郡山行き」　磐越西線　翁島-磐梯町　2007年（平成19年）11月17日

八幡平

【キハ110系気動車】　3930D　快速「八幡平」
花輪線　東大更-好摩　2010年（平成22年）5月14日

みすず

【115系電車】　225M　快速「みすず」
中央本線　川岸-岡谷　2009年（平成21年）5月2日

磐西・只見ぐるり一周号

【キハ52形気動車ほか】　9227D　快速「磐西・只見ぐるり一周号」
只見線　会津桧原-会津西方　2006年（平成18年）11月3日

ばんだい

【455系電車】　3238M　快速「ばんだい8号」
磐越西線　翁島-磐梯町　2003年（平成15年）8月22日

快速（奥羽本線）

【701系電車】 3625M 快速「青森行き」 奥羽本線 大釈迦-鶴ヶ坂 2009年（平成21年）5月12日

フェアーウェイ

【485系電車】 9233M 快速「フェアーウェイ」
磐越西線 翁島-磐梯町 2004年（平成16年）11月3日

角館武家屋敷とさくら号

【秋田内陸縦貫鉄道AN8900形気動車】 9640D
快速「角館武家屋敷とさくら号」 奥羽本線 白沢-陣場 2005.4.24

角館武家屋敷とさくら号

【秋田内陸縦貫鉄道AN8900形気動車】
9640D 快速「角館武家屋敷とさくら号」
奥羽本線 大館-白沢 2007年（平成19年）5月1日

足利藤まつり

【183系電車】 9535M 快速「足利藤まつり3号」
東北本線 東鷲宮-栗橋 2010年（平成22年）5月5日

べにばな

【キハ40系気動車】 3121D 快速「べにばな1号」
米坂線 手ノ子-羽前沼沢 2003年(平成15年) 11月4日

エアポート成田

【E217系電車】 3425F 快速「エアポート成田」
総武本線 四街道-物井 2010年(平成22年) 5月6日

こころ

【165系電車】 回9728M 快速「こころ」 信越本線 田上-矢代田
2003年(平成15年) 8月23日

最上川

【キハ110系気動車】 3134D 快速「最上川4号」
陸羽西線 升形-羽前前波 2003年(平成15年) 10月21日

アクティー

【211系電車】 3752M 快速「アクティー」 東海道本線 真鶴-湯河原 2007年(平成19年) 1月27日

深浦

【キハ48形気動車】　3825D　快速「深浦」　奥羽本線　川部-北常盤　2008年（平成20年）5月8日

くびき野

【485系電車】　3371M　快速「くびき野1号」　信越本線　黒井-犀潟　2007年（平成19年）4月25日

【313系電車】　1701M　快速「セントラルライナー 1号」　中央本線　恵那-美乃坂本　2011年(平成23年) 9月17日

区間快速（東海道本線）

【311系電車】　5700F　区間快速「浜松行き」　東海道本線　岡崎-西岡崎　2012年(平成24年) 5月5日

新快速（JR西日本）

【223系電車】 3256M 新快速「敦賀行き」 湖西線 北小松-近江高島 2009年（平成21年）4月26日

大和路快速

【221系電車】 3397K 大阪行き 関西本線 奈良-郡山
2012年（平成24年）5月3日

アクアライナー

【キハ126形気動車】 3453D
快速「アクアライナー」 山陰本線 荘原-直江 2010年（平成22年）4月10日

石見ライナー

【キハ58系気動車】 3450D
快速「石見ライナー」 山陰本線 安来-米子 2001年（平成13年）5月20日

ジオパーク号

9439D　ジオパーク号【キハ52 156・125】
大糸線　頸城大野-姫川　2010年(平成22年) 5月3日

とっとりライナー

【キハ121形気動車】　3423D
快速「とっとりライナー」　山陰本線　泊-松崎　2009年(平成21年) 4月16日

石見ライナー

【キハ58系気動車】　3453D
快速「石見ライナー」　山陰本線　安来-米子　2001年(平成13年) 5月20日

新快速（JR西日本）

【223系電車】　3232M　新快速「敦賀行き」　北陸本線　新疋田-敦賀　2007年(平成19年) 11月11日

関空・紀州路快速

【223系電車】 4123M 関空・紀州路快速 阪和線 熊取-日根野 2012年（平成24年）5月2日

通勤ライナー

【115系電車】 5416M 快速「通勤ライナー」 山陰本線 直江-出雲市 2009年（平成21年）4月15日

マリンライナー

【5000系電車】　3115M　快速「マリンライナー 15号」　予讃線　国分-讃岐府中　2014年（平成26年）4月27日

サンポート

【121系電車】　112M　快速「サンポート」　予讃線　讃岐府中-国分　2014年（平成26年）4月28日

シーサイドライナー

【キハ200系気動車】　3230D　快速「シーサイドライナー 10号」　大村線　早岐-ハウステンボス　2004年（平成16年）12月13日

シーサイドライナー

【キハ66系気動車】　3225D　快速「シーサイドライナー 5号」　大村線　千綿-松原　2004年（平成16年）12月13日

補充注文カード

貴店名

本体2,300円+税

発行所　北海道新聞社

日　月　年

部

部数

著者　朝倉政雄

書名　写真で見る　平成JRの列車

定価
（本体2,300円+税）

ISBN978-4-89453-979-2
C0065 ¥2300E

9784894539792

【783系電車】　3711M　快速「さわやかライナー1号」　日豊本線　日向新富-佐土原　2004年（平成16年）12月7日

【485系電車】　3713M　快速「さわやかライナー3号」　日豊本線　日向新富-佐土原　2004年（平成16年）12月7日

なのはな

【キハ200系気動車】 3331D 快速「なのはな」 指宿枕崎線 二月田-指宿 2004年（平成16年）12月8日

日南マリーン

【キハ40形気動車】 1937D 快速「日南マリーン号」 日南線 日南-油津 2010年（平成22年）4月12日

― 第6章 ―

普通列車

ふつうれっしゃ

普通列車は鉄道において基本といえる存在である。ただし、各地で路線条件は異なり、電化区間だけでも直流と交流の2種があり、地方に行けば非電化区間も多く気動車も広く用いられている。地域的な条件によっても普通列車の姿は異なり、特に全国を周るなかで地方と首都圏の差は一番強く感じた。利用者数が極端に多い首都圏の各路線では、ラッシュアワーになると4扉の車両が10～15両編成で次々と運行されているが、これは札幌以外、ラッシュといえど両端2扉で2～3両編成の気動車でも間に合ってしまう北海道では考えられない光景である。

国鉄時代は塗装に関する規定が厳しかったが、国鉄民営化の直前あたりから支社や路線による塗り分けがされるようにな

り、現在では各地で様々な塗装の車両を見ることができる。また、話題性を求めて車体にキャラクターを描くなど派手なものも多くみられるようになったが、逆に国鉄時代の塗装も再評価され、かつては没個性と言われたタラコ色の気動車が人気を集めているのも興味深い。

車両形式は多数に上るが、JRになって開発された車両への置き換えが進んでおり、国鉄から引き継いだ車両は徐々に見られなくなりつつある。本章では各線区で活躍する普通列車の写真を挙げているが、登掲した写真にはすでに引退した車両のものも多く、特にJR東海では国鉄時代の車両がすべて退役済であるなど時代の流れを感じざるを得ない。

Local train

函館本線 （711系）

2149M 旭川行き 函館本線 幌向-上幌向 2012年（平成24年）7月19日

2235D　静内行き　日高本線　節婦-新冠　2009年(平成21年) 9月14日

日高本線（キハ40形）

2237D　様似行き　日高本線　厚賀-大狩部　2009年（平成21年）8月25日

根室本線（キハ40形）

2432D　滝川行き　根室本線　東滝川-赤平　2011年（平成23年）7月22日

根室本線（キハ40形）

2434D 滝川行き 根室本線 島ノ下-富良野 2010年（平成22年）7月13日

根室本線（キハ40形）

2541D 池田行き 根室本線 芽室-大成 2011年（平成23年）6月26日

根室本線（キハ40形）

2429D　釧路行き　根室本線　新吉野-浦幌　2012年（平成24年）7月20日

根室本線（キハ40形）

2429D　釧路行き　根室本線　島ノ下-富良野　2011年（平成23年）6月11日

根室本線（キハ40形）

2421D　帯広行き　根室本線　御影-芽室　2012年（平成24年）11月28日

江差線（キハ40形）

125D　函館行き　江差線　吉堀-渡島鶴岡　2014年（平成26年）5月11日

日高本線（キハ40形）

2227D　様似行き　日高本線　日高三石-蓬栄　2009年（平成21年）7月20日

千歳線（731系）

2728M　苫小牧行き　千歳線　植苗-美々　2011年（平成23年）6月1日

千歳線（735系）

2727M　小樽行き　千歳線　沼ノ端-植苗　2015年（平成27年）5月20日

函館本線（キハ150形）

1935D　小樽行き　函館本線　倶知安-小沢
2009年（平成21年）8月31日

札沼線（キハ201系）

1554D　札幌行き　札沼線（学園都市線）
あいの里教育大-あいの里公園　2012年（平成24年）6月5日

根室本線（キハ40形）

2429D　釧路行き　根室本線　御影-芽室
2012年（平成24年）1月28日

千歳線（733系）

729M　手稲行き　千歳線　島松-北広島
2012年（平成24年）8月4日

室蘭本線（711系）

444M　東室蘭行き　室蘭本線　社台-錦岡
2011年（平成23年）7月19日

釧網本線（キハ54形）

4726D　網走行き　釧網本線　北浜-原生花園
2011年（平成23年）3月1日

千歳線（721系）

2725M　ほしみ行き　千歳線　島松-北広島
2012年（平成24年）8月4日

札沼線（721系）

546M　札幌行き　札沼線　石狩太美-石狩当別
2012年（平成24年）12月25日

宗谷本線（キハ54形）

4330D　名寄行き　宗谷本線　豊清水-天塩川温泉　2009年（平成21年）1月27日

函館本線 (711系)

2151M　旭川行き　函館本線　幌向-上幌向　2014年(平成26年) 2月2日

札沼線 (711系)

543M　北海道医療大学行き　札沼線　石狩太美-石狩当別　2012年(平成24年) 12月25日

428D　会津若松行き　只見線　会津桧原-会津西方　2006年（平成18年）11月3日

米坂線（キハ47形＋キハ52形）

1130D　米沢行き　米坂線　小国-越後金丸　2006年（平成18年）11月6日

只見線（キハ40系）

428D　会津若松行き　只見線　会津桧原-会津西方　2006年（平成18年）11月3日

烏山線（キハ40形）

330D　宇都宮行き　烏山線　小塙-滝　2011年（平成23年）10月14日

磐越西線（キハ40系）

225D　新津行き　磐越西線・三川-五十島　2006年（平成18年）11月3日

只見線（キハ48形）

432D　会津若松行き　只見線　会津川口-本名　2004年（平成16年）11月2日

烏山線（キハ40形）

342D　宝積寺行き　烏山線　滝-烏山　2003年（平成15年）4月16日

五能線（キハ40系）

2830D　深浦行き　五能線　林崎-藤崎　2010年（平成22年）5月18日

奥羽本線（キハ40系）

831D　弘前行き〔2832D　深浦行き〕
奥羽本線　撫牛子-川部　2006年（平成18年）5月3日

五能線（キハ48形）

326D　東能代行き　五能線　あきた白神-岩館
2006年（平成18年）5月2日

米坂線（キハ52形）

1127D　坂町行き　米坂線　伊佐領-羽前松岡
2004年（平成16年）11月8日

津軽線（キハ40系）

326D　蟹田行き　津軽線　中小国-大平　2010年（平成22年）5月17日

東北本線（キハ40系）

1524D　八戸行き　東北本線　小湊-西平内　2010年（平成22年）5月13日

磐越西線（キハ40系）

228D　会津若松行き　磐越西線　三川-五十島　2007年（平成19年）4月22日

奥羽本線（キハ40系）

2832D　深浦行き　奥羽本線　撫牛子-川部　2007年（平成19年）5月1日

奥羽本線（キハ58系）

1634D　鷹ノ巣行き　奥羽本線　大館-白沢　2006年（平成18年）5月4日

米坂線（キハ40系）

1128D　米沢行き　米坂線　小国-越後金丸　2004年（平成16年）11月8日

花輪線（キハ52形ほか）

1929D　大館行き　花輪線　十二所-大滝温泉
2006年（平成18年）11月7日

奥羽本線（キハ58形）

1637D　大館行き　奥羽本線　糠沢-早口　2005年（平成17年）7月1日

日光線（107系）

839M　日光行き　日光線　今市-日光　2008年（平成20年）4月14日

東北本線（E231系）

539M　宇都宮行き　東北本線　東大宮-蓮田　2014年（平成26年）5月7日

羽越本線（キハ110系）

155D　酒田行き　羽越本線　北余目-砂越　2004年（平成16年）11月10日

左沢線（キハ101形）

327D　左沢行き　左沢線　羽前山辺-羽前金沢　2004年（平成16年）7月3日

磐越西線（キハ110系）

226D　会津若松行き　磐越西線　野沢-上野尻　2007年（平成19年）11月17日

奥羽本線（701系）

1646M　秋田行き・【485系電車】　2043M　かもしか3号　奥羽本線　八郎潟-鯉川　2006年（平成18年）10月19日

日光線（107系）

843M　日光行き　日光線　今市-日光　2010年（平成22年）5月7日

上越線（115系）

736M　高崎行き　上越線　沼田-後閑　2010年（平成22年）5月10日

常磐線（E501系）

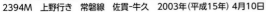

2394M　上野行き　常磐線　佐貫-牛久　2003年（平成15年）4月10日

中央本線（115系）

430M　甲府行き　中央本線　新府-穴山　2011年（平成23年）9月16日

総武本線（113系）

1529M 鹿島神宮行き　総武本線　四街道-物井　2010年（平成22年）5月6日

信越本線（115系）

423M 新潟行き　信越本線　田上-矢代田　2006年（平成18年）4月30日

信越本線（115系）

427M 村上行き　信越本線　田上-矢代田　2006年（平成18年）4月30日

総武本線（211系）

329M 銚子行き　総武本線　四街道-物井　2010年（平成22年）5月6日

上越線（115系）

1736M 越後湯沢行き　上越線　越後湯沢-石打　2010年（平成22年）5月10日

東北本線（E233系）

554M　上野行き　東北本線　東鷲宮-栗橋　2014年（平成14年）5月8日

常磐線（415系1900番台）

1335M　勝田行き　常磐線　友部-内原　2004年（平成16年）6月30日

常磐線（415系1900番台）

1335M　勝田行き　常磐線　赤塚-偕楽園　2003年（平成15年）4月11日

磐越西線（455系）

1224M　郡山行き　磐越西線　磐梯熱海-中山宿
2006年（平成18年）4月29日

磐越西線（455系）

1225M　会津若松行き　磐越西線　翁島-磐梯町
2004年（平成16年）11月3日

3232M　郡山行き　磐越西線　喜久田-安子ヶ島　2007年（平成19年）11月18日

大糸線（E127系）

325M　南小谷行き　大糸線　白馬-信濃森上　2007年（平成19年）11月14日

羽越本線（E127系）

923M　村上行き　羽越本線　平林-岩船町　2007年（平成19年）10月26日

常磐線（E531系）

2430M　上野行き　常磐線　佐貫-牛久　2010年（平成22年）5月5日

羽越本線（701系）

533M　秋田行き　羽越本線　吹浦-女鹿　2007年（平成19年）4月30日

奥羽本線（701系）

663M　青森行き　奥羽本線　白沢-陣場　2011年（平成23年）10月16日

総武本線（209系）

1331M 成東行き 総武本線 四街道-物井 2010年（平成22年）5月6日

常磐線（E531系）

1371M 勝田行き 常磐線 内原-赤塚 2008年（平成20年）4月13日

東北本線（701系）

573M 青森行き 東北本線 乙供-千曳 2009年（平成21年）5月10日

総武本線（E217系）

4362F 逗子行き 総武本線 物井-佐倉 2003年（平成15年）9月30日

東北本線（E721系）

2133M 郡山行き 東北本線 黒田原-豊原 2008年（平成20年）4月16日

身延線（313系）

3627M　甲府行き　身延線　西富士宮-沼久保　2005年（平成17年）1月30日

御殿場線（313系）

2537G　沼津行き　御殿場線　足柄-御殿場　2012年（平成24年）5月6日

紀勢本線（キハ48形）

324C　多気行き　紀勢本線　栃原-川添　2012年（平成24年）4月28日

高山本線（キハ48形）

1718D　美濃太田行き　高山本線　久々野-飛騨一ノ宮　2009年（平成21年）5月1日

東海道本線（113系）

736M　三島行き　東海道本線　富士-富士川
2005年（平成17年）1月23日

中央本線（313系）

1826M　中津川行き　中央本線　落合川-坂下
2003年（平成15年）7月30日

山陰本線（キハ47形）

171D　鳥取行き　山陰本線　鎧-餘部　2011年（平成23年）10月9日

姫新線（キハ40形）

1852D　津山行き　姫新線　美作千代-院庄　2011年（平成23年）10月8日

山陰本線（キハ47形）

174D　豊岡行き　山陰本線　下夜久野-上夜久野　2004年（平成16年）12月2日

大糸線（キハ52形）

425D　糸魚川行き　大糸線　南小谷-中土　2007年（平成19年）11月14日

越美北線（キハ120形）

725D　九頭竜湖行き　越美北線　計石-牛ヶ原　2010年（平成22年）5月1日

山口線（キハ40形）

645D　益田行き　山口線　宮野-仁保　2010年（平成22年）4月24日

山口線（キハ40形）

2539D　益田行き　山口線　長門峡-渡川　2011年（平成23年）10月2日

山陽本線（キハ40系）

回送　山陽本線　埴生-小月　2006年（平成18年）3月26日

山口線（キハ40形）

2542D　山口行き　山口線　仁保-篠目　2010年（平成22年）4月24日

山陰本線（キハ40系）

120D　米子行き　山陰本線　安来-米子　2001年（平成13年）5月20日

山陰本線（キハ58系）

124D　米子行き　山陰本線　安来-米子　2001年（平成13年）5月20日

大糸線（キハ52形）

433D　糸魚川行き・443D　糸魚川行き　大糸線　根知
2007年（平成19年）4月23日

大糸線（キハ52形）

424D　南小谷行き　大糸線　中土-北小谷　2007年（平成19年）11月14日

山陽本線（115系）

3527M　下関行き　山陽本線　埴生-小月　2005年（平成17年）7月18日

氷見線（キハ40系）

625D　氷見行き　氷見線　雨晴-島尾　2009年（平成21年）4月23日

大糸線（キハ52形）

429D　糸魚川行き　大糸線　頸城大野-姫川　2007年（平成19年）4月27日

大糸線（キハ52形）

427D　糸魚川行き　大糸線　頸城大野-姫川
2005年（平成17年）7月24日

大糸線（キハ120形）

429D　糸魚川行き　大糸線　小滝-根知　2010年（平成22年）5月3日

大糸線（キハ120形）

431D　糸魚川行き　大糸線　南小谷-中土　2010年（平成22年）5月3日

高山本線（キハ120形）

861D　富山行き　高山本線　越中八尾-千里　2009年（平成21年）5月1日

山陰本線（キハ47形）

224K　鳥取行き　山陰本線　泊-松崎　2010年（平成22年）4月29日

阪和線（103系）

303H　回送　阪和線　熊取-日根野
2012年（平成24年）5月2日

山陽本線（105系）

105系　3539M　下関行き　山陽本線　埴生-小月
2011年（平成23年）9月20日

大糸線（キハ52形）

418D　平岩行き　大糸線　平岩-小滝　2007年（平成19年）4月24日

紀勢本線（105系）

2334M　紀伊田辺行き　紀勢本線　紀伊日置-周参見　2012年（平成24年）4月29日

紀勢本線（105系）

2333M　新宮行き　紀勢本線　紀伊日置-周参見　2012年（平成24年）4月30日

山陽本線（117系）

3545M　下関行き　山陽本線　埴生-小月　2011年（平成23年）9月20日

湖西線（113系）

1833M　京都行き　湖西線　蓬莱-志賀　2006年（平成18年）10月26日

湖西線（223系）

1808M　近江今津行き　湖西線　北小松-近江高島　2004年（平成16年）11月30日

北陸本線（475系）

426M　金沢行き　北陸本線　倶利伽羅-津幡
2010年（平成22年）5月2日

紀勢本線（113系）

325M　紀伊田辺行き　紀勢本線　岩代-南部　2003年（平成15年）9月19日

北陸本線（125系）

8134M　長浜行き　北陸本線　新疋田-敦賀　2007.11.11

湖西線（117系）

1825M　京都行き　湖西線　北小松-近江高島
2006年（平成18年）10月26日

山陰本線（115系）

282M　米子行き　山陰本線　直江-出雲市
2007年（平成19年）11月7日

山陽本線（117系）

3547M　下関行き　山陽本線　埴生-小月　2006年（平成18年）3月26日

紀勢本線（225系）

333M　御坊行き　紀勢本線　紀伊宮原-藤並　2012年（平成24年）5月1日

北陸本線（413系）

427M　黒部行き　北陸本線　石動-福岡　2010年（平成22年）5月2日

北陸本線（475系）

418M　小松行き　北陸本線　倶利伽羅-石動　2009年（平成21年）4月24日

北陸本線（419系）

642M　近江今津行き　北陸本線　新疋田-敦賀
1996年（平成8年）5月21日

北陸本線（475系）

348M　福井行き　北陸本線　細呂木-牛ノ谷　2009年（平成21年）4月24日

北陸本線（475系）

524M　金沢行き　北陸本線　石動-福岡　2010年（平成22年）5月2日

北陸本線（475系）

427M　黒部行き　北陸本線　倶利伽羅-石動　2009年（平成21年）5月1日

北陸本線（475系）

354M　福井行き　北陸本線　小舞子-美川　2009年（平成21年）4月30日

北陸本線（475系）

1539M　直江津行き　北陸本線　備中宮崎-市振
2010年（平成22年）5月3日

北陸本線（413系）

527M　泊行き　北陸本線　束滑川-魚津　2010年（平成22年）5月3日

北陸本線（413系・419系）

230M　敦賀行き　北陸本線　敦賀-南今庄
2256-7　1996年（平成8年）5月23日

北陸本線（475系）

441M　富山行き　北陸本線　石動-福岡　2010年（平成22年）5月2日

北陸本線（521系）

126M　米原行き　北陸本線　新疋田-敦賀　2009年（平成21年）4月20日

北陸本線（475系）

435M　富山行き　北陸本線　倶利伽羅-津幡　2010年（平成22年）5月2日

予土線（キハ32形）

4818D　窪川行き　予土線　深田-近永　2010年（平成22年）4月27日

高徳線（1000形）

4336D　高松行き　高徳線　三本松-讃岐白鳥
2004年（平成16年）12月20日

予讃線（7000系）

527M　松山行き　予讃線　柳原-粟井　2010年（平成22年）4月26日

牟岐線（キハ47形）

528D　徳島行き　牟岐線　日和佐-北河内　2006年（平成18年）4月4日

予讃線（113系）

1234M　高松行き　予讃線　端岡-鬼無　2011年（平成23年）10月7日

予讃線（113系）

2214M　高松行き　予讃線　讃岐府中-国分　2014年（平成26年）4月28日

予讃線（6000系）

122M　南風リレー号　予讃線　讃岐府中-国分　2011年（平成23年）10月7日

指宿枕崎線（キハ40系）

5324D　指宿行き　指宿枕崎線　大山-西大山　2011年（平成23年）9月24日

豊肥本線（キハ147形）

427D　宮地行き　豊肥本線　市ノ川-内牧　2011年（平成23年）10月1日

日南線（キハ40形）

1942D　油津行き　日南線　油津-大堂津　2011年（平成23年）9月23日

肥薩線（キハ140形）

1229D　人吉行き　肥薩線　那良口-渡　2010年（平成22年）4月13日

長崎本線（キハ66系）

5135D　長崎行き　長崎本線　喜々津-東園　2010年（平成22年）4月20日

肥薩線（キハ31形）

1263D　吉松行き　肥薩線　大畑-人吉　2001年（平成13年）4月20日

肥薩線（キハ31形）

1227D　人吉行き　肥薩線　一勝地-那良口
2010年（平成22年）4月17日

豊肥本線（キハ31形）

2422D　宮地行き　豊肥本線　玉来-豊後荻　2001年（平成13年）5月3日

日豊本線（キハ40系・31形）

6755D　志布志行き　日豊本線　日向新富-佐土原
2004年（平成16年）12月7日

指宿枕崎線（キハ200系）

1327D　山川行き　指宿枕崎線　宮ヶ浜-二月田
2004年（平成16年）12月8日

久大本線（キハ125形）

4863D　大分行き　久大本線　湯布院-南由布
2004年（平成16年）12月15日

久大本線（キハ125形）

1827D　うきは行き　久大本線　御井-善導寺　2011年（平成23年）9月27日

久大本線（キハ125形）

1847D　豊後森行き　久大本線　豊後中川-豊後三芳　2011年（平成23年）9月27日

筑肥線（103系）

432C　筑前前原行き　筑肥線　一貫山-筑前深江　2001年（平成13年）4月29日

香椎線（キハ200系）

737D　宇美行き　香椎線　西戸塚-海ノ中道　2001年（平成13年）4月29日

日豊本線（475系）

633M　大分行き　日豊本線　中山香-杵築　2004年（平成16年）12月16日

吉都線（キハ47形）

2923D　吉松行き　吉都線　えびの-京町温泉　2010年（平成22年）4月13日

日豊本線（415系）

2540M　門司港行き　日豊本線　今津-天津　2001年（平成13年）4月16日

日豊本線（415系）

5521M　大分行き　日豊本線　今津-天津　2010年（平成22年）4月11日

日豊本線（815系）

4637M　幸崎行き　日豊本線　杵築−大神　2010年(平成22年) 4月11日

長崎本線（415系）

872M　備前山口行き，長崎本線　鍋島-久保田　2004年（平成16年）12月14日

日豊本線（415系）

5547M　宇佐行き　日豊本線　新田原-杵築　2005年（平成17年）3月30日

日豊本線（475系）

6955M　川内行き　日豊本線　錦江-帖佐　2004年（平成16年）12月7日

日豊本線（717系）

729M　西都城行き　日豊本線　川南-高鍋　2011年（平成23年）9月22日

長崎本線（813系）

2830M　門司港行き　長崎本線　肥前飯田-多良
2014年（平成26年）4月19日

鹿児島本線（811系）

2345M　大牟田行き　鹿児島本線　船小屋-瀬高
2001年（平成13年）4月25日

鹿児島本線（817系）

342M　鳥栖行き　鹿児島本線　長洲-大野下　2010.4.18

鹿児島本線（811系）

3332M　門司港行き　鹿児島本線　西牟田-荒木
2001年（平成13年）5月16日

長崎本線（817系・813系）

2829M　備前大浦行き　長崎本線　多良-備前大浦　2010年（平成22年）4月19日

722M　延岡行き　日豊本線　南日向-美々津　2011年（平成23年）9月22日

日豊本線（713系）

731M　宮崎空港行き　日豊本線　日向新富-佐土原　2004年（平成16年）12月7日

― 第7章 ―

ジョイフルトレイン

じょいふるとれいん

　ジョイフルトレインとは、細かい定義はないが、おおよそ外観や内装を大幅に変更し、乗車自体を観光目的とする車両のことである。古くは国鉄時代のお座敷車が源流であるが、国鉄末期の1983年（昭和58年）に欧風列車「サロンエクスプレス東京」が登場すると、各地に趣向を凝らした団体専用車両が登場する。当初は客車を改造するものばかりであったが、やがて小回りの利く電車や気動車によるものも増えていった。

　北海道は例外的に1973年（昭和48年）にお座敷気動車が登場しており、1985年（昭和60年）以降はホテルや航空会社とタイアップし「アルファコンチネンタルエクスプレス」をはじめとする6編成のジョイフルトレインを運行した。しかし、車両の老朽化や団体旅行の衰退などの要因で、平成後期までに引退した車両が多い。

　近年は個人旅行者をターゲットに、路線や区間を限定した不定期列車として運転する着地型ジョイフルトレインと呼ばれるものが増えてきた。五能線の「リゾートしらかみ」やJR九州のD&S列車と呼ばれる一連の列車が代表的な存在である。また、JR四国にはキハ32形を改造し、予土線で普通列車の一部に運行しており、特に新幹線0系電車を模した「鉄道ホビートレイン」には感心させられた。

　また、最近は高級化が進んでおり、2013年（平成25年）にJR九州がクルーズトレイン「ななつ星in九州」を成功させると、JR東日本が「TRAIN SUITE 四季島」、JR西日本が「TWAILIGHT EXPRESS 瑞風」で後を追った。これらはクルーズの名の通り豪華客船を意識した周遊観光列車であり、従来の列車とは大幅に異なる高額料金や販売方法を取るが、富裕層のリピーターを獲得するなど好調である。

Joyful Train

リゾートしらかみ 「くまげら」編成

【キハ48形気動車】 8521D 快速「リゾートしらかみ1号」 五能線 林崎−藤崎 2010年（平成22年）5月18日

旭山動物園号

旭山動物園号

【キハ183系気動車】 回8030D 室蘭本線 礼文-大岸 2011年（平成23年）6月15日

【キハ183系気動車】 9022D 富良野線 上富良野-西中 2009年(平成21年) 1月13日

旭山動物園号

【キハ183系気動車】
8061D 函館本線 幌向-上幌向 2012年(平成24年) 7月19日

旭山動物園号

【キハ183系気動車】
8061D 函館本線 深川-納内 2013年(平成25年) 7月15日

旭山動物園号

【キハ183系気動車】
8064D 函館本線 深川-納内 2013年(平成25年) 7月15日

旭山動物園号

【キハ183系気動車】
8064D 函館本線 納内-伊納 2011年(平成23年) 7月24日

ニセコエクスプレス

【キハ183系5000番台気動車】 2236D 優駿浪漫号
日高本線 厚賀-大狩部 2011年(平成23年) 5月5日

ニセコエクスプレス

【キハ183系5000番台気動車】 2236D 優駿浪漫号 日高本線 新冠-静内 2011年(平成23年) 5月6日

TRAIN SUITE 四季島

【E001形EDC】　9006D　室蘭本線　長万部-静狩　2017年（平成29年）6月28日

TRAIN SUITE 四季島

【E001形EDC】　9006D　室蘭本線　長万部-静狩　2017年（平成29年）9月27日

ノースレインボーエクスプレス

【キハ183系5200番台気動車】 7043D フラノラベンダーエクスプレス3号 根室本線 島ノ下-富良野 2009年(平成21年) 7月31日

クリスタルエクスプレス トマム&サホロ

【キハ183系5100番台気動車】 7043D フラノラベンダーエクスプレス3号 根室本線 島ノ下-富良野 2011年(平成23年) 6月11日

ノースレインボーエクスプレス

【キハ183系5200番台気動車】 7044D フラノラベンダーエクスプレス4号
根室本線 茂尻-平岸 2011年(平成23年) 7月22日

ニセコエクスプレス

【キハ183系5000番台気動車】 7042D フラノラベンダーエクスプレス2号
根室本線 東滝川-赤平 2011年(平成23年) 7月22日

クリスタルエクスプレス トマム&サホロ

【キハ183系5100番台気動車】 7046D フラノラベンダーエクスプレス6号
根室本線 上芦別-野花南 2011年(平成23年) 7月22日

くしろ湿原ノロッコ号

【DE10形ディーゼル機関車・510系トロッコ車】 9332レくしろ湿原ノロッコ2号 釧網本線 細岡-釧路湿原 2011年(平成23年) 6月28日

キハ400形500番台 和式気動車

【キハ400形500番台和式気動車:お座敷車】 9914D 室蘭本線 長万部-静狩 2011年(平成23年) 4月29日

【キハ183系6000番台気動車：お座敷車】9314D　根室本線　北太平洋花と湿原号　西和田-花咲　2012年（平成24年）7月21日

【キハ183系6000番台気動車：お座敷車】9314D　北太平洋花と湿原号　根室本線　厚岸-糸魚沢　2012年（平成24年）7月21日

流氷ノロッコ号

【DE10形ディーゼル機関車・510系トロッコ車】　9733レ　流氷ノロッコ1号　釧網本線　北浜-原生花園　2011年(平成23年) 2月2日

ドラえもん海底列車

【781系電車】
9042M　ドラえもん海底列車　海峡線　知内-木古内　2004年（平成16年）5月1日

富良野・美瑛ノロッコ号

【DE15形ディーゼル機関車・510系トロッコ車+ナハ29000形】
9432レ　富良野・美瑛ノロッコ2号　富良野線　美瑛-美馬牛　2011年（平成23年）6月12日

流氷ノロッコ号

【DE10形ディーゼル機関車・510系トロッコ車】
9734レ　流氷ノロッコ4号　釧網本線　浜小清水-止別　2011年（平成23年）2月2日

【DD53形ディーゼル機関車・12系客車】　9233レ　磐越西線　喜多方-山都　2006年（平成18年）11月4日

なごみ（和）

【E655系電車】　回9602M　両毛線　岩舟−佐野　2014年（平成26年）5月8日

うみねこ

【キハ48形気動車】　433D　うみねこ　八戸線　宿戸-陸中八木　2004年（平成16年）10月29日

リゾートやまなみ

【485系電車】　回9815M　東海道本線　早川-根府川　2005年（平成17年）1月22日

リゾートせせらぎ

【485系電車】　東海道本線　早川-根府川　2005年(平成17年) 1月22日

きらきらみちのく

【キハ48形気動車】　8734D　東北本線　乙供-千曳　2009年(平成21年) 5月10日

きらきらみちのく

【キハ48形気動車】　9725D　大湊線　有戸-吹越　2002年(平成14年) 8月26日

きらきらうえつ

【485系電車】 8871M 快速「きらきらうえつ」 羽越本線 村上−間島 2007年(平成19年) 10月26日

きらきらうえつ

【485系電車】 8871M 快速「きらきらうえつ」
羽越本線 今川−越後寒川 2014年(平成26年) 5月5日

リゾートあすなろ

【HB-E300系気動車：ハイブリッド車】
8522D 快速「リゾートあすなろ下北1号」
青い森鉄道(旧：東北本線) 小湊−西平内 2011年(平成23年) 8月8日

DD53ばんえつ物語号

【DD53形ディーゼル機関車・12系客車】 9226レ
快速「DD53ばんえつ物語号」磐越西線 三川−五十島 2006年(平成18年) 11月3日

リゾートせせらぎ

【489系電車】 回9452M 両毛線 岩舟−佐野 2009年(平成21年) 5月4日

NO.DO.KA

【485系電車】　9322M　快速「妙高ミズバショウ号」　信越本線　黒井-犀潟　2009年（平成21年）5月6日

こがね

【キハ29・59形気動車】　回9537D　東北本線　一ノ関-山ノ目
2004年（平成16年）10月31日

Kenji

【キハ58系気動車】　9625D　快速「さんりくトレイン遠野路1号(Kenji)」
釜石線　遠野-青笹　3858-19　2003年（平成15年）10月24日

リゾートあすなろ

【HB-E300系気動車：ハイブリッド車】　8732D　快速「リゾートあすなろ下北2号」
大湊線　陸奥横浜-有畑　2011年（平成23年）8月8日

リゾートしらかみ「青池」編成（初代）

【キハ48形気動車】　8634D　快速「リゾートしらかみ4号」
奥羽本線　撫牛子-川部　2006年（平成18年）5月3日

びゅーコースター風っ子

【キハ48形気動車ほか】　9826D　快速「りんごの花風っ子」　五能線　板柳-鶴泊　2009年（平成21年）5月8日

リゾートしらかみ「青池」編成（2代目）

【HB-E300系気動車】　8524D　快速「リゾートしらかみ4号」　五能線　鶴泊-板柳　2011年（平成23年）8月5日

ニューなのはな

【485系電車】　東北本線　矢板 野崎　2003年（平成15年）5月22日

おばこ

【キハ29・59形気動車】　回9646D　奥羽本線　撫牛子-川部　2004年（平成16年）4月25日

浪漫

【12系客車】 9313レ 浪漫 信越本線 晃附-帯織
2003年(平成15年) 5月25日

リゾートビューふるさと

【HB-E300系気動車】 8362D 快速「リゾートビューふるさと」
大糸線 ヤナバスキー場前-南神城 2014年(平成23年) 5月1日

リゾートしらかみ「橅」編成（初代）

【キハ48形気動車】 8323D 快速「リゾートしらかみ3号」
五能線 十二湖-陸奥岩崎 2006年(平成18年) 5月2日

リゾートしらかみ「くまげら」編成

【キハ48形気動車】 8522D 快速「リゾートしらかみ2号」
五能線 十二湖-陸奥岩崎 2011年(平成23年) 8月5日

リゾートしらかみ「くまげら」編成

【キハ48形気動車】 8522D 快速「リゾートしらかみ2号」 五能線 陸奥森田-中田 2011年(平成23年) 8月6日

【87系寝台気動車】　山陰本線　餘部−鎧　2017年（平成29年）11月10日

浪漫

【EF81系電気機関車・14系客車】　北陸本線　石動-福岡　2006年（平成18年）10月22日

いきいきサロンきのくに

【EF81形電気機関車・12系客車】　北陸本線　黒部-生地
1996年（平成8年）5月19日

TWILIGHT EXPRESS 瑞風

【87系寝台気動車】　山陰本線　福知山-石原　2017年（平成29年）11月11日

わくわく団らん

【EF81形電気機関車・14系客車】　9214レ　北陸本線　牛ノ谷-大聖寺
2003年（平成15年）5月27日

奥出雲おろち

【DE15形ディーゼル機関車・12系客車】　8422レ　木次線　出雲横田-八川
2003年（平成15年）6月1日

サロンカーなにわ

【DE10形ディーゼル機関車・14系客車】　9538レ　北陸本線　牛ノ谷-大聖寺　2007年（平成19年）11月12日

いきいきサロンきのくに

【EF81形電気機関車・12系客車】　北陸本線　黒部-生地
1996年（平成8年）5月19日

ゴールデンエクスプレス アストル

【キハ65形気動車】　9326D　アストル　北陸本線　牛ノ谷-大聖寺
2003年（平成15年）5月28日

あすか

【EF81系電気機関車・12系14系客車】　北陸本線　牛ノ谷-大聖寺
2006年（平成18年）10月22日

ふれあいパル

【キロ29・59形気動車】　山陽本線　埴生-小月　2006年（平成18年）3月26日

【キロ47形気動車】　伊予灘ものがたり（八幡浜編）　予讃線　伊予大洲-西大洲　2016年（平成28年）4月2日

【キハ125形400番台気動車】　8052D　海幸山幸　日南線　大堂津-南郷　2011年（平成23年）9月23日

鉄道ホビートレイン

【キハ32形】　4810D　窪川行き　予土線　若井-家地川　2014年（平成26年）4月26日

アンパンマントロッコ

【キクハ32形】　8179D　瀬戸大橋アンパンマントロッコ号　予讃線　国分-讃岐府中　2014年（平成26年）4月27日

指宿のたまて箱

【キハ47形気動車】　3071D　指宿のたまて箱1号
指宿枕崎線　喜入-前之浜　2011年（平成23年）9月24日

しんぺい・いさぶろう

【キハ140・47形気動車】　1254D　しんぺい2号
肥薩線　大畑（おこば）-矢岳　2010年（平成22年）4月13日

ゆふいんの森Ⅲ世

【キハ72系気動車】　7001D
ゆふいんの森1号　久大本線　恵良-引地　2014年（平成26年）4月15日

A列車で行こう

【キハ185系気動車】　8034D　A列車で行こう4号
三角線　石打ダム-波多浦　2014年（平成26年）4月20日

ゆふいんの森Ⅰ世

【キハ71系気動車】　7004D
ゆふいんの森4号　久大本線　南由布-湯平　2014年（平成26年）4月22日

ななつ星in九州

【DF200形ディーゼル機関車・77系寝台車】 9045レ 久大本線 南由布-湯平 2014年（平成26年）4月22日

あそぼーい！

【キハ183系気動車】 8061D あそぼーい！101号 豊肥本線 市ノ川-内牧 2011年（平成23年）10月1日

【DF200形ディーゼル機関車・77系寝台車】 9001レ 久大本線 恵良-引治 2015年(平成27年) 4月14日

【キロシ47形気動車】 試9081D 久大本線 恵良-引治 2017年(平成29年) 4月23日

【DF200形ディーゼル機関車・77系寝台車】　9031レ　長崎本線　喜々津-東園　2014年(平成26年) 4月12日

ゆふいんの森III世

【キハ72系気動車】7001D　ゆふいんの森1号　久大本線　恵良-引地　2014年（平成26年）4月15日

ゆふいんの森III世

【キハ72系気動車】7002D　ゆふいんの森2号　久大本線　豊後中川-豊後三芳　2011年（平成23年）9月27日

ゆふいんの森I世

【キハ71系気動車】7003D　ゆふいんの森3号　久大本線　湯布院-南由布　2004年（平成16年）3月15日

シーボルト

【キハ183系1000番台気動車】　7052D　シーボルト2号　長崎本線　喜々津-西諫早
2001年（平成13年）5月11日

シーボルト

【キハ183系1000番台気動車】　7051D　シーボルト1号　大村線　千綿-松原　2001年（平成13年）5月11日

ゆふいんの森I世

【キハ71系気動車】7004D　ゆふいんの森4号　久大本線　南由布-湯平
2014年（平成26年）4月22日

ゆふDX

【キハ183系1000番台気動車】
82D　ゆふDX2号
久大本線　江良-豊後森
2004年（平成16年）
3月15日

第8章

蒸気機関車

じょうききかんしゃ

蒸気機関車はSteam Locomotiveの頭文字を取り、略してSLとも呼ばれる。鉄道創業以来、長いこと基本的な動力車であり、国鉄・私鉄を問わず日本国内津々浦々の路線で運転されていたが、電気車両や内燃車両に比べてエネルギー効率やコスト、出力などで劣ることから、昭和30年代以降、動力近代化計画のもとで置き換えられていった。だが、置換が末期になると逆に郷愁を誘う存在として注目を集め、社会的ブームを巻き起こした。

蒸気機関車の牽引する列車は1975年（昭和50年）12月をもって全廃された。しかし、引退後も蒸気機関車に対する人気は衰えることはなく、1976年（昭和52年）7月9日には静岡県の大井川鉄道が保存運転を開始する。国鉄は京都の梅小路機関区で蒸気機関車の動態保存を行っていたが、そのなかから

C571号機を起用し1979年（昭和54年）8月1日に山口線で復活運転を開始する。

国鉄民営化後は集客の目玉として各社で蒸気機関車が復活し、JR北海道でも1988年（昭和63年）4月29日にC623号機が復活した。以来、約9年間函館本線で活躍し、全国各地の大勢の方々との出会いがあったことが思い出に残る。C623号機は残念ながら運行コストの問題で引退するが、代わりにC11形2両が復活し各地で活躍している。

こうした意味からすれば、現在の蒸気機関車はジョイフルトレインの仲間であり、実際にJR九州ではD&S列車の仲間として扱われているが、本書においては特に一章を割いて登載した。

Steam locomotive

SL会津匠号

C57形蒸気機関車・12系客車　SL会津匠号　9233レ　磐越西線　磐梯・猪苗代町　2004年（平成16年）11月6日

【C11形蒸気機関車・14系客車】　9411レ　SLオホーツク号　石北本線　緋牛内-美幌　2011年（平成23年）7月2日

【C11形蒸気機関車・14系客車（補機：DE15形）】　試9713レ　SLオホーツク号　釧網本線　藻琴-北浜　2011年（平成23年）6月29日

【C11形蒸気機関車・14系客車】　9381レ　SL冬の湿原号　釧網本線　茅沼-塘路　2011年（平成23年）2月28日

SL冬の湿原号

【C11形蒸気機関車・14系客車】　9382レ　SL冬の湿原号　釧網本線　東釧路-釧路　2010年（平成22年）1月23日

SL富良野・美瑛ノロッコ号

【C11形蒸気機関車・510系トロッコ車＋ナハ29000形】　9437レ　SL富良野・美瑛ノロッコ号　富良野線　学田-富良野　2011年（平成23年）6月11日

SLはこだてクリスマスファンタジー号

【DE10形機関車・14系客車（後結：C11形）】　9982レ　SLはこだてクリスマスファンタジー2号　函館本線　仁山-大沼　2011年（平成23年）12月11日

SLみなと室蘭140周年号

【C11形蒸気機関車・旧形客車(補機：DE15形)】　9272レ
SLみなと室蘭140周年号　室蘭本線　幌別-富浦　2015年(平成27年) 5月16日

SLとかち号

【C11形蒸気機関車・14系客車+スハシ44形(補機：DE15形)】
9325レ　SLとかち号　根室本線　稲志別-幕別　2011年(平成23年) 9月2日

SLニセコ号

9220レ　SLニセコ号　函館本線　昆布-ニセコ　2011年(平成23年) 11月3日
【C11形蒸気機関車・旧形客車(補機：DE15形)】

SLはこだてクリスマスファンタジー号

【C11形蒸気機関車・14系客車(補機：DE15形)】　9981レ　SLはこだてクリス
マスファンタジー 1号　函館本線　七飯-大沼　2012年(平成24年) 12月15日

SL函館大沼号

【C11形蒸気機関車・14系客車(補機：DE10形)】　9989レ　SL函館大沼号　函館本線　姫川-森　2011年(平成23年) 5月2日

SL秋田こまち号

【C61形蒸気機関車・旧形客車】 9423レ SL秋田こまち号 奥羽本線 飯詰-大曲 2013年(平成25年)10月12日

SL会津匠号

【C57形蒸気機関車・12系客車】 9233レ SL会津匠号 磐越西線 磐梯熱海-中山宿 2004年(平成16年)11月5日

SL銀河ドリーム号

【D51形蒸気機関車・12系客車】：9645レ
SL銀河ドリーム号　釜石線　平倉-足ヶ瀬　2004年(平成16年) 6月26日

SL錦秋湖号

【D51形蒸気機関車・12系客車】　9729レ　SL錦秋湖号　北上線　横川目-岩沢
2002年(平成14年) 9月15日

SLうみねこ号

【C11形蒸気機関車・12系客車】　9429レ　SLうみねこ号
八戸線　陸中中野-有家　2003年(平成15年) 4月4日

【C61形蒸気機関車・旧形客車】　3015M　スーパーこまち15号・9432レ　SL秋田こまち号　奥羽本線　羽後境-大張野　2013年（平成25年）10月13日

【C61形蒸気機関車・旧形客車】　9422レ　SL秋田こまち号　奥羽本線　峰吉川-羽後境　2013年（平成25年）10月12日

【C57形蒸気機関車・12系客車】 8233レ SLばんえつ物語 磐越西線 山部-喜多方 2014年（平成26年）5月4日

【C57形蒸気機関車・12系客車】 8226レ SLばんえつ物語号 磐越西線 喜多方-山都 2007年（平成19年）11月17日

SLやまぐち号

【C57形＋C56形蒸気機関車・12系客車】　9521レ　SLやまぐち号　山口線　長門峡-渡川　2011年（平成23年）10月2日

SL郡山会津路号

【C57形蒸気機関車・12系客車】　9231レ　SL郡山会津路号　磐越西線
磐梯熱海-中山宿　2007年（平成19年）10月28日

SL会津只見号

【C11形蒸気機関車・旧型客車】　9430レ　SL会津只見号　只見線
会津塩沢-会津蒲生　2003年（平成15年）10月19日

SLあそBOY

【8620形蒸気機関車・50系客車】　8412レ　SLあそBOY　豊肥本線
赤水-立野　2001年（平成13年）5月3日

58654号機転車公開

【8620形蒸気機関車】　肥薩線　人吉　〔人吉鉄道観光案内会〕　2010年（平成22年）4月17日

【8620形蒸気機関車】 8261レ SL人吉 肥薩線 那良口−渡 2010年（平成22年）4月16日

第9章

団体列車・事業用列車

だんたいれっしゃ・じぎょうようれっしゃ

　団体列車は修学旅行やツアー、参拝など、大口の団体によって貸し切られて臨時に運行される列車で、定期列車と異なり必要に応じて運転区間が柔軟に設定されるため、思いがけない列車に出くわすことも多かった。また、リバイバルで運行される往年の特急や急行列車、「常盤号」「さよなら江差線号」などの記念列車は、近年は指定券販売に伴うトラブルを避けるために企画型ツアー形式で運行されることが多く、これらも運行形態から団体列車の範疇に入れられる。

　こうした団体列車は、定期列車を縫って運行されるので、通過や対向待ちで長時間停車することも多く、一般的に表定速度が遅い（要するに所要時間が長い）。車両もおおよそ「波動用車」と呼ばれる予備的に待機している車両を用いて運転される。かつてはこうした団体列車は第7章で取り上げたジョイフルトレインを用いることも多かったが、本章では一般車両を用いるものだけを登載する。

　また、団体列車とは全く性格が異なるが、電化区間の電気検測列車や冬季の線路確保のために運行される排雪列車など事業用列車が存在する。白銀の世界のなか、雪煙を上げて走る排雪列車は一種独特な魅力があり、臨時列車の仲間として本章で取り上げたい。

Temporary train

E491系交直流電気軌道総合試験車

試9474M　Easti-E　総武本線　物井-佐倉　2003年(平成15年)9月30日

さようなら江差線号

【DE10形ディーゼル機関車・14系客車】
9120レ　江差線　上ノ国-中須田　2014年(平成26年) 5月11日

除雪車

【HTR600形排雪モーターカー】
〔621号〕　宗谷本線　幌延-下沼　2011年(平成23年) 3月4日

排雪列車

【DE15形ディーゼル機関車+ラッセルヘッド】
雪372レ　宗谷本線　天塩中川-歌内　2010年(平成22年) 2月17日

排雪列車

【DE15形ディーゼル機関車+ラッセルヘッド】
雪372レ　宗谷本線　幌延-下沼　2011年(平成23年) 3月4日

排雪列車

【DE15形ディーゼル機関車+ラッセルヘッド】　雪362レ　宗谷本線　咲来-音威子府　2010年(平成22年) 2月18日

【キハ40形気動車】　9421D　記念列車「常盤号」　宗谷本線　智恵文-智北　2013年（平成25年）7月28日

【キハ40形気動車】　9621D　団体臨時列車　急行「石勝」　石勝線　新夕張-占冠　2013年（平成25年）7月7日

【183系電車】 9883M 日光線 今市-日光 2004年（平成16年）11月7日

【189系電車】 9884M 日光線 今市-日光 2006年（平成18年）4月28日

団体臨時列車「わくわくドリーム号」

【583系電車】 8813M 奥羽本線 糠沢-早口 2005年(平成17年) 4月24日

団体臨時列車

【583系電車】 9004M 東北本線 好摩-岩手川口 2002年(平成14年) 11月19日

【189系電車】 8841M 日光線 今市-日光 2008年（平成20年）4月17日

【583系電車】 北陸本線 新疋田-敦賀 2004年（平成16年）12月1日

第10章

貨物列車

かもつれっしゃ

貨物は本来ならば旅客とならぶ鉄道輸送の両輪で、かつては一般雑貨や石炭、木材などあらゆる物資が鉄道で輸送されていた。これらは車扱輸送と呼ばれ、貨車1両単位で各駅間に配送されていたが、日本においては手間と時間がかかることから次第にトラックとの競争に敗れ、衰退していった。

北海道の場合、特徴的なものとして炭礦から港への石炭列車が存在した。特に室蘭本線は複線に長い石炭列車が行き交い、私の少年時代は連結された両数を数えるのを楽しみにしていたのを思い出す。しかし、こうした情景も炭礦の閉山が相次ぎ過去のものになった。石油や化成品などの専用貨物列車はJRになってからも残っており、室蘭地区や苫小牧、釧路と内陸の油槽所を結ぶ

拠点間直行輸送が行われていたが、これも2014年（平成26年）5月限りで姿を消し、現在の北海道ではコンテナ列車しか存在しない。

貨物列車は東海道本線のごく一部の列車以外は機関車が牽引する。本州や四国、九州の貨物列車運転区間はほとんど電化されているので電気機関車が牽引するが、北海道については電化区間が限られているため、JR貨物になってから、青函トンネル以外はディーゼル機関車が牽引する。電気機関車もディーゼル機関車も3ケタの形式番号をもつ新型機へ置換えが進んでおり、国鉄時代からの機関車は年々見られなくなりつつある。

Freight train

EF81形電気機関車

4099レ　北陸本線　笠島-青梅川　2007年（平成19年）4月26日

DD51形ディーゼル機関車　8073レ　石北本線　生田原-金華　2010年(平成22年) 9月2日

DD51形ディーゼル機関車

4061レ　室蘭本線　静狩-小幌　2004年(平成16年) 6月2日

DD51形ディーゼル機関車

9775レ　室蘭本線　社台-錦岡　2014年(平成26年) 5月29日

DD51形ディーゼル機関車

5772レ　室蘭本線　白老-社台　2003年(平成15年) 6月25日

DF200形ディーゼル機関車

5772レ　千歳線　島松-北広島　2010年（平成22年）6月7日

ED79形電気機関車

4061レ　海峡線　知内-木古内　2005年（平成17年）6月24日

EH800形電気機関車

試9194レ　EH800形試運転　江差線　釜谷-渡島当別　2013年（平成25年）9月

DF200形ディーゼル機関車

DD51形ディーゼル機関車

2077レ　石勝線　追分-東追分　2014年 (平成26年) 1月20日

8557レ　石北本線　生田原-金華　2004年 (平成16年) 2月7日

ED79形電気機関車

DE10形ディーゼル機関車

653レ　石巻線　涌谷-前谷地　2007年(平成19年)4月20日

3098レ　津軽線　油川-津軽宮田　2011年（平成23年）8月6日

EF64形電気機関車

5582レ　東北本線　東大宮-蓮田　2009年（平成21年）4月2日

EF64形電気機関車

8090レ　中央本線　新府-穴山　2005年（平成17年）1月28日

EF65形電気機関車

5179レ　東北本線　東鷲宮-栗橋　2007年（平成19年）11月15日

EF65形電気機関車

72レ　総武本線　物井-佐倉　2010年（平成22年）5月5日

ED75形電気機関車

1653レ　奥羽本線　糠沢-早口　2007年（平成19年）10月24日

EF66形電気機関車

2052レ　東北本線　蒲須坂-片岡　2007年（平成19年）11月16日

EF81形電気機関車

4093レ　信越本線　黒井-犀潟　2007年（平成19年）4月25日

EF510形電気機関車

1656レ　奥羽本線　白沢-陣場　2010年（平成22年）5月18日

EF510形電気機関車

1656レ　奥羽本線　糠沢-早口　2010年（平成22年）5月12日

EH500形電気機関車

3051レ　東北本線　上北町-乙供　2008年（平成20年）4月8日

EH200形電気機関車

2083レ　中央本線　長坂-小淵沢
2011年（平成23年）9月16日

EF510形電気機関車

5388レ　常磐線　友部-内原　2012年（平成24年）5月8日

EH500形電気機関車

3050レ　青い森鉄道（旧：東北本線）
西平内-浅虫温泉　2011年（平成23年）8月8日

EF81形電気機関車

3092レ　北陸本線　新疋田-敦賀　2006年（平成18年）10月26日

DD51形ディーゼル機関車

2089レ　紀勢本線　三瀬谷-滝原
2012年（平成24年）5月4日

ED76形電気機関車

4075レ　日豊本線　杵築-大神　2006年（平成18年）4月1日

EF210形電気機関車

EF210-134

1065レ　山陽本線　埴生-小月　2011年（平成23年）9月20日

EF66形電気機関車

2071レ　山陽本線　埴生-小月　2006年(平成18年) 3月26日

EF66形電気機関車

1067レ　山陽本線　埴生-小月　2004年(平成16年) 12月3日

4090レ　奥羽本線　鶴ケ坂-大釈迦　2017年(平成29年) 5月20日

4091レ　羽越本線　金浦-仁賀保　2017年（平成29年）5月18日

■ 列車データ

TRAIN DATA

不定期	毎日運転ではないが、年間長期にわたってレギュラー的に運転される列車
季節	不定期に準じるが、季節限定で運行される列車
臨時	イベント的に運行される「出張運転」

■ 第1章　新幹線

系統名	所属会社	頁	運行開始日	運行終了日
新幹線 0 系電車	JR東海・JR西日本	5	1964.10. 1	2008.12.14
新幹線 E5 系電車	JR東日本	6・10・11	2011. 3. 5	現役
新幹線 H5 系	JR北海道	6	2016. 3.26	現役
新幹線 200 系電車	JR東日本	7・9	1982. 6.23	2013. 4.14
新幹線 E4 系電車	JR東日本	8・9	1997.12.20	現役
新幹線 E1 系電車	JR東日本	9	1994. 7.15	2012.10.28
新幹線 E2 系電車	JR東日本	10	1997. 3.22	現役
新幹線 400 系電車	JR東日本	12	1992. 7. 1	2010. 4.18
新幹線 E3 系電車	JR東日本	12・13	1997. 3.22	現役
新幹線 E6 系電車	JR東日本	14	2013. 3.16	現役
新幹線 500 系電車	JR西日本	15	1997. 3.22	現役
新幹線 700 系電車	JR東海・JR西日本	15・18	1999. 3.13	現役
新幹線 300 系電車	JR東海・JR西日本	16	1992. 3.14	2012. 3.16
新幹線 E7 系電車	JR東日本	18	2014. 3.15	現役
新幹線 800 系電車	JR九州	19	2004. 3.13	現役
新幹線 E3 系 700 番台電車「とれいゆ」	JR東日本	20	2014. 7.19	現役
新幹線 923 系電車「ドクターイエロー」	JR東海・JR西日本	20	2001. 9. 3	現役

列車名	運行区間	頁	運行開始日	運行終了日
こだま	東京－博多	5・16	1964.10. 1	現役
はやぶさ	東京－新函館北斗	6・11	2011. 3. 5	現役
やまびこ・MAX やまびこ	東京－盛岡	7・8・9・10	1982. 6.23	現役
MAX とき	東京－新潟	9	2002.12. 1	現役
はやて	盛岡 (東京の場合あり) －新函館北斗	10	2002.12. 1	現役
つばさ	東京－新庄	12・13	1992. 7. 1	現役
こまち・スーパーこまち	東京－秋田	13・14	1997. 3.22	現役
のぞみ	東京－博多	15	1992. 3.14	現役
ひかり	東京－博多	18	1964.10. 1	現役
あさま	東京－長野	18	1997.10. 1	現役
つばめ	博多－鹿児島中央	19	2004. 3.13	現役
とれいゆつばさ	福島－新庄	20	2014. 7.19	現役

■ 第2章　寝台特急列車

運行形態	系統名／列車名	運行区間 (撮影時点)	頁	運行開始日	運行終了日 (着日)
不定期	カシオペア	上野－札幌	21・22	1999. 7.16	2016. 3.21
不定期	トワイライトエクスプレス	大阪－札幌	22・23	1989. 7.21	2015. 3.13
	北斗星	上野－札幌	23・24・26	1988. 3.13	2015. 8.23
	はくつる	上野－青森	24	1964.10. 1	2002.12. 1
不定期	エルム	上野－札幌	24・25	1989. 7.21	2006. 8.14
臨時	夢空間北斗星	上野－札幌	24	1991. 4. 5	2003. 8.30
	日本海	大阪－青森	25・28	1968.10. 1	2013. 1. 7
	富士	東京－大分	26・27・33	1964.10. 1	2009. 3.14
	はやぶさ	東京－熊本	26・27・34	1958.10. 1	2009. 3.14
	さくら	東京－長崎	27・32	1959. 7.20	2005. 3. 1
	あさかぜ	東京－下関	28	1956.11.19	2005. 3. 1
	出雲	東京－(鳥取経由)－出雲市	28	1972. 3.15	2006. 3.18
	北陸	上野－(長岡経由)－金沢	28	1975. 3.10	2010. 3.13
	サンライズ瀬戸	東京－高松(琴平の場合あり)	30	1998. 7.10	現役
	サンライズ出雲	東京－(岡山経由)－出雲市	30	1998. 7.10	現役
	なは	京都－熊本	31・33	1975. 3.10	2008. 3.15
	あかつき	京都－長崎	33	1965.10. 1	2008. 3.15
	彗星	京都－南宮崎	34	1968.10. 1	2005.10. 1

■ 第3章　特急列車

運行形態	系統名／列車名	運行区間(撮影時点)	頁	運行開始日	運行終了日	備考
	スーパーとかち	札幌－帯広	35・41	1991. 7.27	現役	
臨時	ヌプリ	函館－(小樽経由)－札幌	36	2012. 8. 6	2015. 8.31	
	ライラック (初代)	札幌－旭川	36	1980.10. 1	2007. 9.30	初代
	すずらん	札幌－室蘭	36	1992. 7. 1	現役	東室蘭－室蘭は普通
	大雪	旭川－網走	36	2017. 3. 4	現役	
	スーパーカムイ	札幌－旭川	38・39	2007.10. 1	2017. 3. 3	→カムイ・ライラック (2代目)
	スーパー白鳥	八戸(2010年以降は新青森)－函館	38	2002.12. 1	2016. 3.21	
臨時	ワッカ	函館－(小樽経由)－札幌	39	2013. 8.10	2015. 8.31	
	ライラック (2代目)	札幌－旭川	39	2017. 3. 6	現役	
	スーパーおおぞら	札幌－釧路	40・41	1997. 3.22	現役	
	サロベツ	札幌－稚内	40	2000. 3.11	現役	
	オホーツク	札幌－網走	41	1972.10. 2	現役	
	スーパー北斗	札幌－函館	41	1994. 3. 1	現役	
	スーパー宗谷	札幌－稚内	42	2000. 3.11	現役	
	北斗	札幌－函館	42・43	1965.11. 1	2018. 3.16	→スーパー北斗
	スペーシアきぬがわ	新宿－鬼怒川温泉	44・45	2006. 3.18	現役	
	さざなみ	東京－館山	44・51	1972. 7.15	現役	君津－館山普通あり
	しおさい	東京－(八日市場経由)－銚子	44・45	1975. 3.10	現役	
	あやめ	東京－鹿島神宮	44・50	1975. 3.10	2015. 3.13	佐原－鹿島神宮は普通
	すいごう	東京－(成田経由)－銚子	44	1982.11.15	2004.10.15	佐原－銚子は普通
	あかぎ	上野・新宿－前橋・渋川	45	1982.11.15	現役	
	おはようとちぎ	黒磯→新宿	45	1995.12. 1	2010.12. 3	上りのみ
	水上	上野－水上	45	1997.10. 1	2010.12. 3	以後も臨時はあり
	踊り子	東京－伊豆急下田・修善寺	45	1981.10. 1	現役	
	スーパービュー踊り子	東京・池袋－伊豆急下田	46	1990. 4.28	現役	
	きぬがわ	新宿－鬼怒川温泉	46・49	2006. 3.18	現役	
	成田エクスプレス	大船・高尾・大宮－(品川経由)－成田空港	46・51	1991. 3.19	現役	
	日光	新宿－東武日光	46・49	2006. 3.18	現役	
	ビューさざなみ	東京－館山	46	1993. 7. 2	2005.12. 9	→さざなみ
	はくたか	越後湯沢－福井・和倉温泉	47・50	1997. 3.22	2015. 3.13	
	はつかり	盛岡－函館	47・49	1958.10. 1	2002.11.30	→白鳥(2代目)
	北越	金沢－新潟	47・48・62	1969.10. 1	2002.11.30	
	いなほ	新潟－青森	47・48・52	1969.10. 1	現役	
	白鳥 (2代目)	八戸－函館	47	2002.12. 1	2016. 3.21	2代目
	かもしか	秋田－青森	48・50	1997. 3.22	2010.12. 3	→つがる(2代目)
臨時	ねぶたまつり	秋田－青森	48	2011. 8. 5	2011. 8. 7	
	あいづ	郡山－喜多方	49	2002.12. 1	2003. 9.30	
	つがる (初代)	八戸－弘前	49・51・52	2002.12. 1	2010.12. 3	
臨時	仙台あいづ	仙台－喜多方	49	2006. 7.31	2006.11. 5	
臨時	ホリデーあいづ	郡山－喜多方	49	2002.12. 1	2003. 9.30	
	スーパーひたち	上野－(水戸経由)－仙台	50	1989. 3.11	2015. 3.13	→ひたち
	草津	上野－万座・鹿沢口	50	1985. 3.14	現役	
	あずさ	東京・千葉－南小谷	51	1966.12.22	現役	
	スーパーはつかり	盛岡－青森	52	2000. 3.11	2002.11.30	
	スーパーあずさ	新宿－白馬	52	1994.12. 3	2019. 3.15	→あずさ
	フレッシュひたち	上野－いわき	53	1997.10. 1	2015. 3.13	→ときわ
	あさぎり	新宿－(小田急経由)－沼津	54・55	1991. 3.16	2018. 3.16	→ふじさん
	ふじかわ	静岡－甲府	54	1995.10. 1	現役	
	東海	東京－静岡	55	1996. 3.16	2007. 3.17	
	南紀	名古屋－紀伊勝浦	56	1978.10. 2	現役	
	ひだ	名古屋－富山	56	1968.10. 1	現役	
	しなの	大阪－長野	57	1968.10. 1	現役	
	はしだて	京都－天橋立	58	1996. 3.16	現役	
	きのさき	京都－城崎温泉	58	1996. 3.16	現役	
	北近畿	新大阪－城崎温泉	58・59	1986.11. 1	2011. 3.11	→こうのとり
	たんば	京都－福知山	58	1996. 3.16	2011. 3.11	→きのさき
	こうのとり	新大阪－城崎温泉	59	2011. 3.12	現役	
	はるか	米原－関西空港	59	1994. 9. 4	現役	
	オーシャンアロー	京都－新宮	59	1997. 3. 8	2012. 3.16	→くろしお
	くろしお	京都－新宮	59・60	1965. 3. 1	現役	
	やくも	岡山－出雲市	60・61	1972. 3.15	現役	
	スーパーくろしお	京都－新宮	60	1989. 7.22	2012. 3.16	→くろしお
	白鳥 (初代)	大阪－青森	60	1961.10. 1	2001. 3. 2	
	スーパーやくも	岡山－出雲市	61	1994.12. 3	現役	
	かがやき	長岡－福井・和倉温泉	61	1988. 3.13	1997. 3.21	
	きらめき	米原－金沢	61	1988. 3.13	1997. 3.21	
	しらさぎ	名古屋－富山・和倉温泉	61・63	1964.12.25	現役	

	スーパー雷鳥	神戸－富山・和倉温泉	61	1989. 3.11	2001. 3. 2	→サンダーバード
	加越	米原－富山	61	1975. 3.10	2003. 9.30	→しらさぎ
臨時	ふるさと雷鳥	大阪－新潟	62	2002. 8.12	2009. 5. 6	
	サンダーバード	大阪－魚津・和倉温泉	62	1997. 3.22	現役	
	おはようエクスプレス	福井→金沢←泊・七尾	62	2001.10. 1	現役	
	雷鳥	大阪－新潟・和倉温泉	62・63	1964.12.25	2011. 3.11	→サンダーバード
	白山	上野－(長野経由)－金沢	63	1972. 3.15	1997. 9.30	
	はまかぜ	大阪－(播但線経由)－鳥取	64	1972. 3.15	現役	
	おき	鳥取－(山口線経由)－小郡	64	1975. 3.10	2001. 7. 6	→スーパーおき
	いそかぜ	益田－(山陰本線経由)－小倉	64	1985. 3.14	2005. 2.28	
	くにびき	鳥取－益田	64	1988. 3.13	2001. 7. 6	→スーパーくにびき
	スーパーはくと	京都－(智頭急行経由)－倉吉	65	1994.12. 3	現役	
	スーパーまつかぜ	鳥取－益田	65	2003.10. 1	現役	
	スーパーくにびき	鳥取－益田	65	2001. 7. 7	2003. 9.30	→スーパーまつかぜ
	スーパーおき	鳥取－(山口線経由)－新山口	65	2001. 7. 7	現役	
	スーパーいなば	岡山－(智頭急行経由)－鳥取	65	2003.10. 1	現役	
	しおかぜ	岡山－宇和島	66・67・68・71	1972. 3.15	現役	
	いしづち	高松－宇和島	68	1988. 4.10	現役	
	むろと	徳島－海部	68	1999. 3.13	現役	牟岐－海部は普通
	うずしお	岡山－徳島	69	1988. 4.10	現役	
	あしずり	高知－宿毛	69	1990.11.21	現役	
	南風	岡山－宿毛	70・71	1972. 3.15	現役	
	しまんと	高松－宿毛	71	1988. 4.10	現役	
	宇和海	松山－宇和島	71	1990.11.21	現役	
	きりしま	宮崎－鹿児島中央	72	1995. 4.20	現役	
	かもめ	博多－長崎	72・73	1976. 7. 1	現役	
	ソニック	博多－佐伯	73	1997. 3.22	現役	
	つばめ	門司港－西鹿児島	73	1992. 7.15	2004. 3.12	→リレーつばめ
	にちりん	小倉－宮崎空港	74	1968.10. 1	現役	
	ハウステンボス	博多－ハウステンボス	74・75	1992. 3.14	現役	
	みどり	博多－佐世保	74	1976. 7. 1	現役	
	ひゅうが	延岡－宮崎空港	74・75	2000. 3.11	現役	
	有明	小倉－肥後大津	75	1967.10. 1	現役	
	リレーつばめ	門司港－新八代	75	2004. 3.13	2011. 3.11	
	ゆふ	博多－(久大本線経由)－別府	76	1992. 7.15	現役	
	九州横断特急	別府－人吉	76	2004. 3.13	現役	
	くまがわ	熊本－人吉	76	2004. 3.13	2016. 3.25	

■ 第4章　急行列車

運行形態	系統名／列車名	運行区間(撮影時点)	頁	運行開始日	運行終了日	備考
	能登	上野－(長岡経由)－金沢	77・82・86	1975. 3.10	2012. 2.25	
	はまなす	青森－札幌	78・82	1988. 3.13	2016. 3.22	
臨時	北海道一周狩勝号	札幌－(富良野経由)－釧路	80	2012. 7. 2	2012. 7. 2	
臨時	まりも	札幌－(下り石勝線経由・上り富良野経由)－釧路	80	2012. 7.20	2012. 7.22	
臨時	北海道一周エルム号	札幌－(東室蘭経由)－函館	81	2012. 7. 4	2012. 7. 4	
臨時	北海道一周ニセコ号	函館－(小樽経由)－札幌	81	2012. 7. 1	2012. 7. 1	
臨時	北海道一周大雪号	釧路－(網走経由)－札幌	81	2012. 7. 3	2012. 7. 3	
臨時	あおもり	大阪－青森	82・83	1990. 7.25	2008. 8.17	
	きたぐに	大阪－(米原経由)－新潟	82・84	1968.10. 1	2014. 1. 8	
	赤倉	長野－新潟	83	1988. 3.13	1997. 9.30	→特急みのり
	くまがわ	熊本－人吉	86	1959. 4. 1	2004. 3.12	→特急くまがわ

■ 第5章　快速列車

種別	系統名／列車名	運行区間(撮影時点)	頁	運行開始日	運行終了日	備考
快速	しもきた	青森－大湊	87・94	1993.12. 1	現役	
特別快速	きたみ	旭川－北見	88	1988. 3.19	現役	
区間快速	いしかりライナー	小樽－岩見沢	88	1988.11. 3	現役	
快速	なよろ	旭川－名寄	89	1990. 9. 1	現役	
快速	エアポート	小樽－新千歳空港	89・90・91	1992. 7. 1	現役	
快速	しれとこ	釧路－網走	89	1989. 5. 1	2018. 3.16	→しれとこ摩周号
快速	狩勝	滝川・旭川－帯広	90	1990. 9. 1	現役	
快速	ノサップ	釧路－根室	90	1989. 5. 1	現役	
快速	ニセコライナー	蘭越－札幌	90	2000. 3.11	現役	
快速	はなさき	釧路－根室	91	1992. 7. 1	現役	
快速	お花見白虎	仙台－会津若松	92	2004. 4.10	2006. 4.30	臨時
快速	白虎	仙台－喜多方	92	2003. 1.11	2005. 9.25	臨時
快速	日光ロマン号	宇都宮－日光	93	2004. 7.17	2005.11.23	臨時

快速	AIZU マウントエクスプレス	鬼怒川温泉−会津若松（喜多方）	93	2002. 3.23	現役	会津若松−喜多方間は不定期
快速	あがの	会津若松−新潟	94	1985. 3.14	現役	
快速	快速（磐越西線）	郡山−喜多方	94・95	2004.10.16	現役	
快速	風っこ会津只見リレー号	郡山−会津若松	94	2006. 4.29	2007. 5. 5	臨時
快速	八幡平	盛岡−大館	95	1985. 3.14	2015. 3.13	
快速	みすず	天竜峡−長野	95	1986.11. 1	現役	
快速	磐西・只見ぐるり一周号	新潟−会津若松−小出−新潟	95	2002.10.19	2010.11. 7	臨時
快速	ばんだい	郡山−喜多方	95	1984. 2. 1	2004.10.15	→愛称廃止
快速	快速（奥羽本線）	大館−青森	96	2002.12. 1	現役	
快速	フェアーウェイ	新宿−会津若松	96	1987. 9. 3	2009.11.29	不定期
快速	角館武家屋敷とさくら号	弘前−（秋田内陸縦貫鉄道経由）−角館	96	2000. 4.22	2018. 4.30	臨時
快速	足利藤まつり	上野−（小山経由）−桐生	96	2005. 4.23	2018. 5. 6	臨時→足利大藤まつり
快速	べにばな	新潟−米沢	97	1991. 8.27	現役	
快速	エアポート成田	久里浜−成田空港・鹿島神宮	97	1991. 3.19	2018. 3.16	→愛称廃止
快速	こころ	越後湯沢−長岡	97	2003. 4. 5	2003. 9.28	臨時
快速	最上川	新庄−酒田	97	1999.12. 4	現役	
快速	アクティー	東京−熱海	97	1989. 3.11	現役	
快速	深浦	深浦−青森・弘前	98	1982.11.15	2014. 3.14	
快速	くびき野	新井−新潟	98	2002.12. 1	2015. 3.13	
快速	セントラルライナー	名古屋−中津川	99	1999.12. 4	2013. 3.15	
区間快速	区間快速（東海道本線）	浜松・武豊−米原	99	1999.12. 4	現役	
新快速	新快速（JR西日本）	敦賀−（湖西線経由・米原経由）−播州赤穂・上郡	100・101	1970.10. 1	現役	
快速	大和路快速	天王寺−（京橋経由大阪）−天王寺−加茂・五條	100	1989. 4.10	現役	
快速	アクアライナー	米子−益田	100	2001. 7. 7	現役	
快速	石見ライナー	米子−益田	100・101	1997. 3.22	2001. 7. 6	
快速	ジオパーク号	南小谷−糸魚川	101	2010. 5. 3	2010. 8.22	
快速	とっとりライナー	鳥取−出雲市	101	1994.12. 3	現役	
快速	関空・紀州路快速	天王寺−（京橋経由大阪）−天王寺−関西空港・紀伊田辺	102	1994. 9. 4	現役	
快速	通勤ライナー	西出雲→米子	102	1996. 3.16	2019. 3.15	
快速	マリンライナー	岡山−高松	103	1988. 4.10	現役	
快速	サンポート	高松−伊予西条・琴平	103	2002. 3.23	現役	
快速	シーサイドライナー	佐々−長崎	104	1989. 3.11	現役	
快速	さわやかライナー	延岡→宮崎空港・西都城→宮崎	105	1990. 3.10	2011. 3.11	
快速	なのはな	鹿児島中央−山川	106	1992. 7.15	現役	
快速	日南マリーン号	宮崎−志布志	106	1988. 9. 1	現役	

■ 第6章　普通列車

形式	所属会社	頁	運行開始日	運行終了日
711系	JR北海道	107・116・117	1968. 8.28	2015. 3.13
キハ40	JR北海道	108・110・111・112・113・114・115	1977. 8. 1	現役
731系	JR北海道	114	1996.12.24	現役
735系	JR北海道	115	2012. 5. 1	現役
キハ150	JR北海道	115	1993. 4. 1	現役
キハ201系	JR北海道	115	1997. 3.22	現役
733系	JR北海道	115	2012. 6. 1	現役
キハ54	JR北海道	116	1986.12. 3	現役
721系	JR北海道	116	1988.11. 3	現役
キハ40	JR東日本	118・120・121・122・123・124	1978. 2. 1	現役
キハ47	JR東日本	120	1978. 9	現役
キハ52	JR東日本	120・123・124	1959	2009.12.27
キハ48	JR東日本	122・123	1979	現役
キハ58系	JR東日本	124	1961.10. 1	2009.12.27
107系	JR東日本	125・126	1988. 6. 1	2017.10. 7
E231系 3000番台	JR東日本	125	2000. 6.21	現役
キハ110系	JR東日本	125	1990. 3.10	現役
キハ101	JR東日本	125	1993.12. 1	現役
701系	JR東日本	126・130・131	1993. 6.21	現役
115系	JR東日本	126・127	1963. 3. 1	現役
E501系	JR東日本	126	1995.12. 1	現役
113系	JR東日本	127	1962. 6.11	2011.10.15
211系	JR東日本	127	1986. 3. 3	現役

形式	所属会社	頁	運行開始日	運行終了日
E233系 3000番台	JR東日本	128	2008. 3.10	現役
415系 1900番台	JR東日本	128	1991. 3.16	2005. 7. 8
455系	JR東日本	128	1965. 7.	2008. 3.23
719系	JR東日本	129	1990. 3.10	現役
E127系	JR東日本	130	1995. 5. 8	現役
E531系	JR東日本	130・131	2005. 7. 9	現役
209系	JR東日本	131	1993. 2.15	現役
E217系	JR東日本	131	1994.12. 3	現役
E721系	JR東日本	131	2007. 2. 1	現役
313系	JR東海	132・133	1999. 5. 6	現役
キハ48	JR東海	133	1979	2016. 3.25
113系	JR東海	133	1962. 6.10	2007. 3.17
キハ47	JR西日本	134・136・141	1977. 2.25	現役
キハ40	JR西日本	136・138・139	1979	現役
キハ52	JR西日本	137・139・140・141	1958	2010. 8.22
キハ120	JR西日本	137・140・141	1992. 5. 3	現役
キハ58系	JR西日本	139	1961. 8.13	2011. 3.11
115系	JR西日本	139・145	1976. 6.19	現役
103系	JR西日本	141	1968.10. 1	現役
105系	JR西日本	141・142	1981. 2.11	現役
117系	JR西日本	143・145	1980. 1.22	現役
113系	JR西日本	143・144	1964. 9.18	現役
223系	JR西日本	144	1994. 6.15	現役
475系	JR西日本	144・146・147	1965.10. 1	2015. 3.13

125系	JR西日本	144	2003. 3.15	現役
225系	JR西日本	145	2010.12. 1	現役
413系	JR西日本	145・147	1986. 3.	現役
419系	JR西日本	146・147	1985. 3.10	2011. 3.11
521系	JR西日本	147	2006.11.30	現役
キハ32	JR四国	148	1987. 3. 6	現役
1000	JR四国	148	1990. 3. 1	現役
7000系	JR四国	148	1990.11.21	現役
キハ47	JR四国	148	1980	現役
113系	JR四国	148・149	2000. 4. 1	2019. 3.15
6000系	JR四国	149	1996. 4.26	現役
キハ40	JR九州	150・151・153	1979	現役
キハ147	JR九州	150	1990	現役
キハ140	JR九州	151	1990	現役
キハ66系	JR九州	152	1975. 3.10	現役

キハ31	JR九州	152・153	1987. 2.15	2019. 3.16
キハ200系	JR九州	153・154	1991. 3.16	現役
キハ125	JR九州	153	1993. 3.14	現役
103系	JR九州	154	1983. 3.22	現役
475系	JR九州	155・158	1965.10. 1	2008. 3.31
キハ47	JR九州	155	1979. 3.23	現役
415系	JR九州	155・158	1975. 3.10	現役
815系	JR九州	156	1999.10. 1	現役
475系	JR九州	158	1965.10. 1	2008. 3.31
717系	JR九州	158	1986.11.12	2013. 3.15
813系	JR九州	159	1994. 3. 1	現役
811系	JR九州	159	1989. 7.21	現役
817系	JR九州	159	2001.10. 6	現役
713系	JR九州	160	1984. 2. 1	現役

■ 第7章　ジョイフルトレイン

愛称	形式	運行区間（準定期列車に限る）	頁	運行開始日	運行終了日
リゾートしらかみ「くまげら」編成	キハ40系	秋田－（五能線経由）－青森	161・181	2006. 3.18	現役
旭山動物園号	キハ183系	札幌－旭川	162・163	2007. 4.28	2018. 3.25
ニセコエクスプレス	キハ183系5000番台		164・167	1988.12.17	2017.11. 4
TRAIN SUITE 四季島	E001系		165	2017. 5. 1	現役
ノースレインボーエクスプレス	キハ183系5200番台		166・167	1992. 7.18	現役
クリスタルエクスプレス トマム＆サホロ	キハ183系5100番台		166・167	1989.12.22	2019. 9.29
くしろ湿原ノロッコ号	DE101660＋510系客車	釧路－塘路	168	1998. 7. 1	現役
お座敷車	キハ400形500番台		168	1998. 1. 9	2014.12.22（廃車は2016.10.17）
お座敷車	キハ183系6000番台		169	1999. 2. 5	現役（お座敷車としての使用は現在のところ2013. 8.16が最後）
流氷ノロッコ号	DE101660＋510系客車	網走－知床斜里	170・171	1999. 2. 6	2016. 2.28
ドラえもん海底列車	781系	函館－吉岡海底	171	2003. 7.19	2006. 8.27
富良野・美瑛ノロッコ号	DE151533＋510系客車	旭川－富良野	171	1999. 6.11	現役
DD53ばんえつ物語号	DD532＋12系客車	新潟－会津若松	172・178	2006.11. 3	2006.11. 5
なごみ（和）	E655系		174	2007.11.23	現役
うみねこ	キハ48	八戸－久慈	176	2002.12. 1	2011. 3.11
リゾートやまなみ	485系		176	1999. 6.14	2010.12. 6
リゾートせせらぎ	485系		177・178	2001. 3.31	2010. 1.24
きらきらみちのく	キハ40系	八戸→大湊→三厩→八戸	177	2002. 7. 5	2010.11.28
きらきらうえつ	485系	新潟－酒田・秋田	178	2001.11.23	2019. 9.29
リゾートあすなろ	HB-E300系	新青森－大湊・蟹田	178・179	2010.12. 4	現役
NO.DO.KA	485系		179	2001.10.14	2018. 1. 7
こがね	キハ29・59		179	2003. 7.19	2010.12.26
Kenji	キハ58系		179	1992. 7. 4	2018. 9. 8
リゾートしらかみ「青池」編成（初代）	キハ40系	秋田－（五能線経由）－青森	179	1997. 4. 1	2010.11.28
びゅーコースター風っ子	キハ48		180	2000. 6.11	現役
リゾートしらかみ「青池」編成（2代目）	HB-E300系	秋田－（五能線経由）－青森	180	2010.12. 4	現役
ニューなのはな	485系		180	1998. 2. 1	2016. 9.25
おばこ	キハ29・59		180	1984. 2. 2	2004. 6.27（廃車は2006. 3. 1）
浪漫	14系客車		181・184	1995.11.17	2007. 3. 4
リゾートビューふるさと	HB-E300系		181	2010.10. 2	現役
リゾートしらかみ「橅」編成（初代）	キハ40系	秋田－（五能線経由）－青森	181	2003. 4. 1	2016. 7.15
TWILIGHT EXPRESS 瑞風	87系		182・184	2017. 6.17	現役
いきいきサロンきのくに	12系客車		184・185	1989. 9.16	2007. 6.10
わくわく団らん	12系客車		184	1993.12.25	2006.12.14
奥出雲おろち	DE152558＋12系客車	松江（現在は出雲市）・木次－備後落合	184	1998. 4.25	現役
サロンカーなにわ	14系客車		185	1983. 9.24	現役
ゴールデンエクスプレスアストル	キハ65系		185	1988. 3.25	2006.11.26
あすか	12系客車		185	1987.11. 1	2011. 2.27（廃車は2018. 3.31）
ふれあいパル	キロ29・59		185	1986. 4.27	2007.10.28
伊予灘ものがたり	キロ47	松山－（下灘経由）－八幡浜	186	2014. 7.26	現役
海幸山幸	キハ125形400番台	宮崎－南郷	188	2009.10.10	現役
鉄道ホビートレイン	キハ32	宇和島－窪川	190	2014. 3.15	現役
アンパンマントロッコ	キクハ32	岡山－高松	190	2006.10. 7	現役
指宿のたまて箱	キハ47	鹿児島中央－指宿	191	2011. 3.13	現役

しんぺい・いさぶろう	キハ47・140	熊本－吉松	191	1996. 3.16	現役
ゆふいんの森Ⅲ世	キハ72系	博多－(久大本線経由)－別府	191・196	1999. 3.13	現役
ゆふいんの森Ⅰ世	キハ71系	博多－(久大本線経由)－別府	191・197・198	1989. 3.11	現役
A列車で行こう	キハ185系	熊本－三角	191	2011.10. 8	現役
ななつ星in九州	DF200-7000＋77系		192・193・194	2013.10.15	現役
あそぼーい！	キハ183系1000番台	別府－阿蘇(熊本地震以前は熊本－宮地)	192	2011. 6. 4	現役
或る列車	キロシ47	大分－日田、佐世保－(大村経由)－長崎	193	2015. 8. 8	現役
シーボルト	キハ183系1000番台	佐世保－(大村経由)－長崎	197	1999. 3.13	2003. 3.14
ゆふDX	キハ183系1000番台	博多－(久大本線経由)－別府	198	2004. 3.13	2011. 1.10

■ 第8章　蒸気機関車

形式・番号	所属	製造年・所	頁	国鉄時代の廃車日	復活運行開始日
C57180	JR東日本	1946. 8 三菱	199・204・207・208	1969.11. 8	1999. 4.29
C11207	JR北海道	1941.12 日立	200・202・203	1974.10. 1	2000.10. 7
C11171	JR北海道	1940. 7 川崎	201・202・203	1975. 6.25	1999. 5. 1
C57160	JR西日本	1939. 4 川崎	204	廃車歴なし	1980.11.22
C6120	JR東日本	1949. 7 三菱	204・206	1973.11.18	2011. 6. 4
D51498	JR東日本	1940.11 鷹取工場	205	1972.12. 1	1988.12.23
C11325	真岡鉄道 (JR東日本借用)	1946. 3 日車	205・208	1972	1998.11. 1
C571	JR西日本	1937. 3 川崎	208	廃車歴なし	1979. 8. 1
58654	JR九州	1922.11 日立	208・209・210	1975. 3.31	1988. 8.28

運行形態	列車名	運行区間(撮影時点)	頁	運行開始日	運行終了日
臨時	SL会津匠号	郡山－会津若松	199・204	2004.11. 3	2004.11. 7
臨時	SLオホーツク号	北見－知床斜里	200	2011. 7. 2	2013. 6.23
季節	SL冬の湿原号	釧路－標茶	201	2000. 1. 8	現役
臨時	SL富良野・美瑛ノロッコ号	旭川－富良野	202	1999. 6.11	2014. 6. 8
季節	SLはこだてクリスマスファンタジー号	函館－大沼公園	202・203	2010.12. 4	2014.12.25
臨時	SLみなと室蘭140周年号	登別－室蘭	203	2012. 5.19	2012. 5.20
臨時	SLとかち号	帯広－池田	203	2010. 9. 4	2012. 9. 2
季節	SLニセコ号	札幌－蘭越	203	2000. 4. 1	2014.11. 3
季節	SL函館大沼号	函館－(下り大沼公園経由・上り渡島砂原経由)－森	203	2001. 4.28	2014. 8.10
臨時	SL秋田こまち号	秋田－横手	204・206	2013.10.12	2013.10.14
臨時	SL銀河ドリーム号	花巻－釜石	205	1995.12.23	2012. 6.17
臨時	SL錦秋湖号	北上－横手	205	2002. 9.14	2004.10.11
臨時	SLうみねこ号	八戸－久慈	205	2003. 4. 1	2003. 4. 6
不定期	SLばんえつ物語号 (2008年以降「号」なし)	新潟－会津若松	207	1999. 4.29	現役
不定期	SLやまぐち号	新山口－津和野	208	1979. 8. 1	現役
臨時	SL郡山会津路号	郡山→会津若松(下りのみ)	208	2004. 2.14	2011.10.30
季節	SL会津只見号	会津若松－只見	208	2001.10. 6	現役
不定期	SLあそBOY	熊本－宮地	208	1988. 8.28	2005. 8.28
不定期	SL人吉	熊本－人吉	210	2009. 4.25	現役

■ 第10章　貨物列車

機関車形式	主な運行地区・線区	頁	運行開始日	運行終了日	備考
EF81	日本海縦貫線、九州	217・224・226	1969	現役	日本海縦貫線は2016. 3.25まで
DD51	四国以外の全国各地	218・219・220・226	1963	現役	北海道地区は2014.11まで
DF200	北海道地区、中京地区	220	1993. 3.10	現役	
ED79	津軽海峡線	220・222	1988. 3.13	2016. 3.22	貨物運用は2015. 3まで
EH800	津軽海峡線	220	2014. 7.16	現役	
DE10	全国各地	222	1966	現役	
EF64	首都圏、中央本線、伯備線	223	1966	現役	
EF65	首都圏、東北本線、東海道本線、山陽本線	223・224	1965	現役	
ED75	東北本線、常磐線	224	1964	2012. 3.16	
EF66	首都圏、東海道・山陽本線	224・227	1966	現役	
EF510	日本海縦貫線、常磐線	224・225	2004. 2. 4	現役	常磐線は2013. 3.15まで
EH500	東北本線、海峡線、関門トンネル	225	1999. 1.18	現役	海峡線は2016. 3.22まで
EH200	中央本線、上越線	225	2003. 4.20	現役	
ED76	九州	226	1965	現役	
EF210	首都圏、東海道・山陽本線	226	1997.12. 5	現役	

出典：『鉄道ピクトリアル』（電気車研究会）、『鉄道ダイヤ情報』『交通新聞』（交通新聞社）各号より作成

あとがき

　ある先輩から「テーマを持ちメモを取りなさい」と言われ、写真を撮影した時には必ず撮影データを記録することにしている。1974年（昭和49年）に最初のカメラを手にしてから、早いもので40年以上の歳月が過ぎようとしている。選んだテーマは鉄道写真。撮影した時には必ずメモをとっている。最近はデジタルカメラが万能で記録の必要性は薄れてきたが、それでも手帳は離せない。

　昭和の終わり、1988年（昭和63年）3月13日、北海道に住んでいる私にとっては画期的というべき出来事があった。津軽海峡の海底にトンネルが掘削され、青函トンネルが開通し、北海道から九州まで2本のレールで結ばれた。東京から札幌まで「北斗星」「カシオペア」、大阪からは「トワイライトエクスプレス」などの寝台特急列車が運行され、本州と北海道を結ぶ特急列車が運行されるようになった。津軽海峡線の開通をきっかけにして、少しずつ北海道外でも鉄道写真を撮影するようになった。今日まで老体に鞭打って、年に数回フェリーや飛行機などで日本各地に出向き、数々の列車に出会ってきた。これらの写真をもとにして、今回「平成年代　写真で見るJRの列車」を発行することになった。

　印象深い出来事を挙げるときりがないが、1998年（平成10年）5月17日から北陸地方で撮影した10日間の思い出は特に印象に残っている。当時、北陸地方には「日本海」「トワイライトエクスプレス」などの寝台特急列車、特急列車の「雷鳥」「白鳥」「しらさぎ」「北越」「かがやき」など、思わずシャッターを押すことさえ忘れてしまいそうなくらい魅力的な優等列車が運転されていた。本書に掲載した写真は、私が出会った列車のほんの一部であり、同一列車であっても新旧の車両を使用したものは紙幅の許す限り搭載した。過去の姿を見ていただき平成年代の記憶を思い起こしていただければ、撮影した者としてこれに勝る幸せはない。

　2010年（平成22年）に北海道内の鉄道写真を一冊にまとめた「鉄道アルバム　北海道の列車」（北海道新聞社刊）を発行してから早いもので、10年を迎えようとしている。この間、基本構想の策定と登載画像の収集・整理などの作業を始めたが、日本各地で撮影してきたので、大量な写真があり、ちょっと弱気になったこともあった。しかし、最近は文明の利器であるパソコン全盛の時代であり、ホームページを作成する傍ら、毎年作業を進めていたので、順調に進むことができたと思っている。

　仕事以外の休日はもとより盆・正月にもカメラを手に写真を撮り続け、今日を迎えた。幸いにして北海道で最後を迎えた蒸気機関車の姿を記憶にとどめることができたこと、さらには地方路線の廃止・車両の移り変わりなど全国各地の鉄道の栄枯盛衰の

N700A　15A　のぞみ15号　東海道新幹線　岐阜羽島-米原　2017年(平成29年) 5月2日

姿を写真に残すことができたことは、私にとって貴重な財産になった。人生の半分以上を趣味として鉄道写真撮影に携わることができた私は幸せ者であり、家族にも感謝している。

　最後に、企画から刊行にいたるまでの編集の一切を担当された北海道新聞社出版センターの五十嵐裕揮さん、素敵なデザインにしてくださった韮塚香織さん、JR各社のみなさまをはじめ、かかわってくださった多くの方々には心からお礼申し上げます。撮影に際し地元の方々や撮影に協力いただいた方々にも心から感謝申し上げます。

　なお、本書に掲載した写真は、現在運転されている定期列車のほか臨時列車、すでに廃止になった列車、車両、貨物列車などですが、一部の写真については撮影後の経過により樹木の生長、景観の変化などにより、撮影場所が特定できないものもあります。あらかじめご承知おきください。

2020年3月　**朝倉政雄**

著者略歴

朝倉政雄 （あさくら まさお）

1941年（昭和16年）北海道千歳市生まれ、現在は札幌市在住。
1974年（昭和49年）から鉄道写真の撮影を始める。1988年
（昭和63年）の青函トンネル開業を機に本格的に撮影を開始し、
以後30年以上風景と鉄道をいかにマッチングさせるかをテーマ
に写真を撮り続ける。「Rail Magazine」（ネコ・パブリッシン
グ）、「鉄道ファン」（交友社）などの鉄道雑誌でも活躍。鉄道は
もちろん城郭、路面電車なども撮影する。鉄道友の会会員。著
書に、北海道内の鉄道写真を一冊にまとめた「鉄道アルバム 北
海道の列車」（北海道新聞社）がある。

■ホームページ

もいわ山麓写真館 開設 2007年（平成19年）4月10日
http://www7b.biglobe.ne.jp/~moiwa2525/
登載内容 北海道の鉄道、日本の鉄道、日本の名城、路面電
車ほか

編　　集　　五十嵐裕揮

編集協力　　JR各社
　　　　　　澤内一晃

装丁・ブックデザイン　韮塚香織

写真で見る平成 JRの列車

2020年3月20日初版1刷発行

著　　者　　朝倉政雄
発行者　　五十嵐正剛
発行所　　北海道新聞社
　　　　　　〒060-8711　札幌市中央区大通西3丁目6
　　　　　　出版センター　編集　011（210）5742
　　　　　　　　　　　　　営業　011（210）5744

印　　刷　　（株）アイワード

落丁本・乱丁本はお取り換えいたします。
ISBN978-4-89453-979-2